흙집 짓기 DIY

# 내 손으로
# 황토집 짓기

흙집 짓기 DIY
# 내 손으로 황토집 짓기

초판 인쇄 | 2014년 01월 17일
4 판 발행 | 2020년 01월 02일

저 자 | 유 종

발행인 | 이인구
편집인 | 손정미
사 진 | 고영빈
디자인 | 나정숙

출 력 | ㈜삼보프로세스
종 이 | 영은페이퍼㈜
인 쇄 | ㈜웰컴피앤피
제 본 | 신안제책사

펴낸곳 | 한문화사
주 소 | 경기도 고양시 일산서구 강선로 9, 1906-2502
전 화 | 070-8269-0860
팩 스 | 031-913-0867
전자우편 | hanok21@naver.com
출판등록번호 | 제410-2010-000002호

ISBN | 978-89-94997-29-2 13540
가격 | 25,000원

이 책은 한문화사가 저작권자와의 계약에 따라 발행한 것이므로
이 책의 내용을 이용하시려면 저자와 본사의 서면동의를 받아야 합니다.
잘못된 책은 구입처에서 바꾸어 드립니다.

흙집 짓기 DIY

# 내 손으로 황토집 짓기

저자_유 종

한문화사

# 들어가는 말

황토 흙집!
살아 숨 쉬는 건강한 집!
단순해서 더 아름다운 집!
그래서 오래도록 두고 봐도 질리지 않는 조선의 막사발처럼 그렇게 소박한 마음을 닮은 집!
흙으로 만든 황토집은 화려함 보다는 소박함을 현란함 보다는 정결함을 느끼게 하는 살아있는 집이다.
오랫동안 흙과 함께해온 필자로서 본서를 통해 독자 여러분에게 황토집에 관해 이야기를 하고자 한다.

## 황토집 짓기는 꼭 전문가의 손이 필요한 것인가?

전문가는 언제부터 흙집을 지었을까? 생각해 보면 약 20년도 되지 않은 듯하다. 일제 강점기 이전에 우리 선조는 대부분 흙집에 기거하며 살아왔다. 물론 대궐 같은 한옥이야 전문가의 손길이 필요했고 적지 않은 공사비도 마련되어야 했지만, 흙집은 견고하지는 않더라도 손재주가 약간만 있으면 누구나 직접 짓고 살았던 집이다. 그렇다면 현재의 전문가들은 우리 흙집에 대해 과연 얼마나 알고 있을까? 흙집이 좋은 이유를 제대로 알고 있으며, 정말 건강한 황토집을 지을 수 있는 것인가? 하는 우려 섞인 마음을 배제할 수 없는 것이 현실이다.

## 황토집은 인체에 매우 좋은 집이다.

황토집은 꼭 전문가의 손을 빌리지 않더라도 누구나 쉽고 견고하게 지을 수 있다. 단지 그 방법을 모르고 실천하기가 두려울 뿐이다. 황토집은 시공업체마다 짓는 방법에 차이가 있다. 흙집에 관한 도서나 자료도 많이 나와 있지만, 모두가 제각각의 이론과 정통성을 이야기한다. 최근에는 기둥을 먼저 세우고 그 공간에 전통방식의 외엮기를 하고 초벽, 맞벽 등을 쳐서 이루는 심벽치기 방법과 황토벽돌을 쌓고 미장 마감하여 짓는 목구조 황토집 등이 주류를 이루고 있다. 그러나 흙집은 흙만으로도 충분히 지을 수 있다는 것이 필자의 지론이다. 제대로만 알고 짓는다면 매우 단순하면서도 견고하고 단열도 완벽하게 해결할 수 있어 누구나 지을 수 있는 집이다. 그러나 처음부터 너무 큰 집은 짓지 말라고 조언하고 싶다. 우선 작은 황토방을 지어보고 그 경험을 바탕으로 큰 집에 도전하는 것이 시행착오를 줄여 실패하지 않는 황토집을 지을 수 있다. 처음부터 큰 집 짓기를 시도한다면 무리가 되어 중도 포기하거나 짓고 나서도 만족한 결과를 얻지 못하여 자칫 양식집도 황토집도 아닌 우스운 집으로 전락할 염려가 있다.

## 직접 짓는 황토집은 저렴한 비용으로도 얼마든지 가능하다.

우선은 재료비가 얼마 들지 않는다. 황토와 황토벽돌, 목재 등이 필요하나 쉽게 구할 수 있으며 가격 또한 저렴하다. 단지 어떤 좋은 자재를 선택하느냐의 문제만 남는다. 일부에서는 첨가물을 혼합하여 황토벽돌을 생산하기도 한다. 그러나 걱정할 필요 없다. 어느 황토벽돌공장이든 직접 찾아가서 친환경 황토벽돌을 주문하면 별도로 유해성분이 들어가지 않은 황토벽돌을 생산 판매한다. 단지 주문생산방식으로 판매하는 친환경 황토벽돌은 양생 기간이 필요하여 사전에 미리 시간적인 여유가 있어야 한다. 현재 대부분 황토벽돌은 유압식 또는 토륜기를 이용하여 생산한다. 제품마다 장단점이 있겠으나 본서에서는 유압식 황토벽돌을 중심으로 설명한다. 황토 역시 구하기 쉬운 재료다. 주변에서 구할 수 있으면 가장 바람직하지만, 그렇지 않다면 황토벽돌공장이나 황토를 취급하는 회사에서 구매해 쓰면 된다. 우리나라의 황토는 지역에 따라 성분이 달라 색의 차이는 있으나 대부분 건축용으로 사용 가능하므로 특정 지역의 황토가 좋다고 해서 반드시 그곳의 황토를 사용할 필요는 없다.

## 전통기법이라면 더 건강하고 친환경적인 황토집을 지을 수 있다.

물론 반드시 전통기법만을 고수할 수는 없다. 과거와 비교하면 그동안 여러 면에서 건축환경이 진보함에 따라 흙집 짓는 기법에도 많은 발전이 있었다. 어느 면에서는 현대적 기법이 더 안전하고 공사기간도 단축할 수 있다고 할 수 있다. 그러나 우리 옛 어른들이 사용했던 전통기법은 누구에게 배운 것도 아닌 자신의 기법으로써 오로지 자연을 담은 순수한 마음과 친환경주의를 바탕으로 한 것이었으므로 지금까지도 이 전통기법을 이용해 지은 집은 좋은 결과로 나타나고 있는 것이다. 전통기법은 설계도서가 없이도 지을 수 있다. 오로지 개인의 능력과 주변에서 쉽게 구한 흙으로 투박하지만 좀 더 건강하고 친환경적인 성공적인 황토집을 지을 수 있을 것이다.

그럼 이제부터 소박하지만 작고 아담한 황토집 짓기에 도전해 보자. 내 손으로 짓는 건강한 황토집 생각만 해도 즐겁지 않은가. 무엇이든 알면 쉽고, 쉬워지면 도전해볼 용기와 희망이 생긴다. 본서가 여러분의 안내자가 되어 황토집을 짓고자 하는 분들에게 조금이나마 도움이 되기를 바란다. 더 많은 사람이 황토를 이해하고 살아 숨 쉬는 황토집에서 구들을 놓고 건강한 생활을 한다면 그 이상의 바람은 없다. 황토집에 빠져 수년간 어려움을 겪으면서도 황토집 현장을 누비던 필자를 끝까지 믿고 따라준 아내에게 감사의 마음을 전한다. 마지막으로 이 책의 집필과정 내내 열의를 다해 자료수집과 편집 및 출간을 해주신 한문화사 이인구 대표에게도 감사의 뜻을 표한다.

2014년 2월
구들이 유 종

# CONTENTS

### 1장　황토의 이해

- 010　황토란 무엇인가?
- 012　황토의 기능과 성질
- 013　원적외선이 인체에 미치는 영향
- 014　황토에서 발산되는 원적외선이란 무엇인가?
- 015　황토의 미생물학적 이해
- 016　황토의 약효와 우수성

### 2장　황토집 짓기 공정관리

- 022　공사개요 및 준비
- 026　황토집 짓기에 필요한 자재와 공구
- 035　가설공사 / 토공사
- 036　기초공사
- 038　조적공사와 외부 문틀, 창틀공사
- 040　처마도리 공사
- 041　삼량, 오량, 귀접이 등 천장공사
- 044　전기공사
- 046　처마, 지붕 만들기
- 050　지붕공사
- 054　황토미장 공사
- 056　방수공사
- 057　타일공사
- 059　설비공사
- 062　창호공사
- 064　구들공사

### 3장 황토집 사례별 시공과정

- 078　내 손으로 황토집 짓기 교육과정
- 086　구들편수의 흙집 짓기
- 098　손수 빚어 지은 흙집
- 112　선입견을 극복한 흙집 펜션
- 124　정신적인 공간, 황토구들방
- 136　고비용을 해결한 반축공사
- 152　자연의 맛이 있는 황토체험장
- 168　단열문제를 해결한 개량한옥

### 4장 황토집 사례

- 188　광양 청매실농원초가
- 198　의성 수정리주택
- 204　파주 검산동주택
- 212　양평 동오리주택
- 220　순천 만대재
- 228　용인 좌항리주택
- 234　당진 대합덕리주택
- 242　원주 푸른솔펜션

# 1장
# 황토의 이해

- 010 황토란 무엇인가?
- 012 황토의 기능과 성질
- 013 원적외선이 인체에 미치는 영향
- 014 황토에서 발산되는 원적외선이란 무엇인가?
- 015 황토의 미생물학적 이해
- 016 황토의 약효와 우수성

# 1장. 황토의 이해

## 1. 황토란 무엇인가?

무안지역의 황토

상주지역의 황토

'황토'라는 말이 최근 많은 사람의 주목을 받고 있어 매스컴에 자주 오르내리는 용어 중 하나가 되었다. 그러나 이런 현상은 새삼스러운 일이 아니다. 예로부터 황토는 우리 조상의 생활과 뗄 수 없는 존재로 주거공간을 위한 활용뿐 아니라 황토를 이용한 치료법들이 고서적들에 남아 있고 민간에서도 황토요법들이 구전으로 많이 전해오고 있다. 그러면 한반도의 우리 주변에서 풍부하게 볼 수 있는 황토층은 어떻게 형성된 것인가, 성분은 어떻게 구성되어 있고 그 특징은 무엇인가, 황토는 과연 우리 몸에 효험이 있는 것인가 의문을 갖지 않을 수 없다.

황토를 뜻하는 '뢰스(Loess)'는 풍성퇴적 기원이라는 의미를 내포하고 있는 독일어에서 비롯되었다. 느슨하게 교결되어 있다는 뜻이다. 이 용어는 1821년경 라인계곡에 최초로 적용되었으며, 두꺼운 황토층은 두께 1~5m의 층으로 구성되어 있는데, 각각의 황토단위 층은 황토층 또는 황토와 유사한 퇴적층을 포함하고 있다.

오늘날의 황토는 온대지역과 사막주변에 나타나는 반건조지역에 가장 널리 분포되어 있으며 지구표면의 약 10%를 황토가 덮고 있다. 우리나라는 세계 평균을 훨씬 웃도는 20%의 토양이 황토로 이루어져 있으며, 이런 황토는 대개 균질하고 층리가 발달하지 않았으며, 공극률이 큰 토양층, 모래층 및 이들과 유사한 물질을 포함하고 있다. 또한, 주로 실트 크기의 입자들로 구성되어 있는데 주된 황토입자의 크기는 약 0.02~0.05mm이다. 황토는 탄산칼슘에 의해 쉽게 부서지지 않은 끈기를 지니고 있으며, 물을 가하면 찰흙으로 변하는 성질이 있다. 우리나라의 황토는 대부분 백악기 말엽을 전후하여 화강암, 석영반암, 규장반암과 명반석 같은 것이 풍화되어 그 구성의 주류를 이루고 있다. 황토는 석영, 장석, 운모, 방해석 등의 다양한 광물 입자로 구성되어 있어 이들 물질이 철분과

'자연을 머금은 집'이라는 뜻의 양평 함연당(含然堂). 약 70년 된 한옥의 기둥과 보, 서까래를 그대로 유지한 채 리모델링한 황토집이다.

강화 테라롯지 흙집 펜션. 복층구조의 목심 흙집 펜션이다.

함께 산화작용을 하면 황색, 자색, 적색, 회색, 미녹색 등의 색을 띠게 된다.

황토는 지역에 따라서 몇 종류의 변종이 나타나기도 하는데 이들은 순수 황토와 함께 황토질 모래, 사질 황토, 황토질 롬, 점토질 황토 등을 포함하는 황토계열을 구성한다.

그 화학적 조성이 충적호 토양과 비슷하며, 실리카 60~65%, 알루미나 13~20%, 석회 8%, 산화철 5~6%, 산화마그네슘과 산화나트륨이 각 2%, 산화칼륨 1.5% 내외이다. 일반적으로 알루미나가 많은 황토는 가소성이 좋고, 산화철과 기타 부성분이 많은 것은 건조 수축과 소성변형이 크다.

황토를 이해하려면 먼저 흙(토양)이 무엇인지를 알아야 한다. 흙이란 암석이 주재료가 되어 기후, 생물, 지형, 시간이라는 5가지 토양 생성인자의 상호작용으로 지표면에 생성되는 자연체로서 육지에 서식하는 모든 생물이 살아가는 데 필요한 장소와 영양을 제공하는 자연물을 말한다.

이 가운데 아열대 계절림과 아열대 다우림 등의 낙엽활엽수림대의 갈색 삼림토에서는 미생물과 토양물의 활발한 작용으로 낙엽이 급속히 분해되어 무기물과 잘 혼합되므로, 미세한 입상구조가 발달한 비옥한 암색의 표토가 형성되어 있다. 이러한 갈색삼림토가 많이 분포된 지대의 북쪽(서유럽), 북동쪽(북아메리카)지역에는 적황색토가 많이 형성되고, 온난 기후대의 토양형을 이루고 있는 중국의 양쯔강 유역과 흑해 연안 등의 메밀, 잣, 밤나무, 떡갈나무를 주로 하는 조엽수림대에서는 황갈색과 적갈색 삼림토가 많이 형성되어 있는데 이러한 흙들을 모두 황토라고 한다. 아울러 황토는 대륙의 반건조지역에 쌓인 풍성토로서 지구 표면의 약 10%를 덮고 있으며, 중국 북부, 유럽 북부와 동부, 북아프리카, 북아메리카 중부, 뉴질랜드 사우스섬 등에 널리 분포해 있다.

이와 같은 황토는 담황색 또는 회황색의 사립과 점토입자의 중간 정도의 입경 입자가 주성분인 실트 질로 고결도가 낮은 지층을 이루고 있다. 국제적으로 정해진 토양 입자의 기계적 조성의 기준으로 삼은 입경 구분법에 의하면 지름 2mm를 사립자의 최댓값으로 보고 2~0.2mm를 조사, 0.2~0.02mm를 세사, 0.02~0.002mm를 실트, 즉 황토라 하고 0.002mm 이하를 점토라고 한다.

우리나라 황토는 연황색 퇴적물로서 황색토와 적색토가 있으며 공극률이 큰 실리카, 알루미나, 산화철 등으로 구성되어 탄산칼슘에 의해 느슨하게 굳어진 상태로 되어 있다.

또한, 우리나라 황토는 전국에 걸쳐 고루 분포되어 있으나, 주로 남부 해안지방과 서부 해안지방 산지에 많이 퇴적되어 있다. 경주 토함산 황토와 경남 고성, 김해, 산청 지방과 전남 고흥, 화순 지방 (전남에는 적색이 많은 진황토임), 충남 부여, 논산, 익산 지방 그리고 강원도 홍천 지방의 황토가 가장 품질이 우수한 것으로 알려져 있다.

## 2. 황토의 기능과 성질

지구표면에 있는 60여 종의 흙 가운데 가장 우수한 광물질로 평가받고 있는 황토는 첫째, 입자가 곱고 많은 산소를 함유하고 있으며, 둘째, 정화능력이 뛰어나고 탈취와 탈지의 성질이 있으며 셋째, 가열하지 않은 상태에서는 일반 흙과 비슷하나 일단 60도 이상으로 가열하면 원적외선 방사가 월등하여 인체에 가장 유익한 에너지 곡선에 근접하고, 인체의 중심 부분에 35도의 체온을 유지하고 혈류량을 증가시켜 신진대사 촉진으로 피로를 풀어주는 역할을 돕는다. 황토 1g 속에는 약 2억~2억 5천 마리의 미생물이 살고 있어 다양한 효소들이 복합적으로 순환작용을 일으킬 뿐만 아니라, 인체에 유익한 원적외선을 방출하여 생명력, 해독력, 흡수력, 자정력 등이 뛰어나 황토를 살아있는 생명체라 부르며 그 신비한 약성을 무병장수의 한 방법으로 사용해 왔다.

상주 부곡리주택. 황토벽돌로 지은 홑처마 맞배지붕의 단아한 흙집.

**황토의 화학적 조성**

황토는 석영조면암, 안산암, 화강암 등이 열수작용 및 풍화작용으로 분해되어 생성되며, $Al_2O_3 \cdot 2SiO_2 \cdot 2H_2O$로 표시된다. 카올린족의 광물은 기본 화학성이 $Al_2Si_2O_5(OH)$ 또는 $Al_2O_3 \cdot 2SiO_2 \cdot 2H_2O$이며, 이에 속하는 동질 이상체로는 카올리나이트, 나카이트, 디카이트, 할로이사이트의 4가지가 있다. 이 중에서 할로이사이트는 기본조성이 카올리나이트나 기타

| 성 분 | 함 량(%) | 성 분 | 함 량(%) |
|---|---|---|---|
| 실리카 | 50~60 | 산화철Ⅲ | 2~4 |
| 석회 | 4~16 | 산화철Ⅱ | 0.8~1.1 |
| 알루미나 | 8~12 | 산화티탄 | 0.5 |
| 산화마그네슘 | 2~6 | 산화망간 | 0.5 |

〈황토의 화학적 성분〉

이상체가 같지만, 수분을 과잉 함유하여 Al2O3·2SiO2·4H2O로 되어 있는 것이 있고 결정도 낮은 광물이라 할 수 있다. 이 카올린 족에 속하는 광물로는 여러 가지가 있으나, 일반적으로 황토는 카올리나이트와 할로이사이트로 되어있는 점토류에 속하는 광물이다. 카올린 광물은 점토 광물을 대표하는 광물로서 흙의 주요성분 광물이므로 흙 속에 많이 포함되어 있지만, 카올린 광물을 주요성분으로 하고 있는 것은 황토 및 고령토라고 불리는 광물이다. 우리나라의 비교적 순수한 황토는 경남 하동, 산청지구에 다량으로 집중적으로 산출되고 있으며, 그 광물 조성은 주로 할로이사이트로 되어 있다. 일반적으로 호칭하는 황토는 고령토와 비슷하며 산화철 함량이 다소 많으므로 색깔이 붉은 것이 특징이다.

남해 동천리주택. 한식목구조인 기둥보·구조의 황토주택으로 외장재를 황토벽돌로 마감했다.

# 3. 원적외선이 인체에 미치는 영향

원적외선은 강한 열작용을 하는 광선으로 인체 속 40mm까지 침투하는 열에너지다. 흙에서 원적외선을 방사 받게 되면 인체 내의 각종 발병의 원인이 되는 세균을 열작용으로 약화시키며, 인체 내 모세혈관을 확장시켜 혈액순환을 촉진함은 물론 세포조직의 생성촉진 등을 도와준다. 원적외선을 방사하는 물질은 많으나 흙을 소재로 사용하여 각종 세라믹을 만들어 원적외선을 방사시킨다. 흙에서 뿜어나오는 원적외선이야말로 안정된 복사열로서 인체에 가장 좋다. 도자기 가마는 아직도 흙으로 만들며, 흙에서 발생하는 안정된 원적외선이 아니면 도자기가 터지는 현상이 일어난다. 황토 속에서 방사되는 원적외선은 인체 내의 수분을 알맞게 유지하는 건습 작용, 체온을 적정 수준으로 유지하는 작용, 인체의 성장을 촉진하는 작용, 인체의 각종 영양을 분해하여 대사기능을 촉진하는 작용, 인체 내의 노폐물 배설을 촉진하며 냄새를 중화하는 작용, 인체의 영양 균형을 유지하는 작용을 하면서 인체 내의 모세혈관을 확장시켜 신진대사를 촉진하고 숙면을 도우며, 근육통의 통증을 완화해 주며, 혈액순환을 왕성하게 하여 성인병을 예방하고, 세포조직을 활성화해 생명활동을 증진시키는 작용 등 그 효용이 매우 뛰어나 인간이 건강한 삶을 유지하는데 없어서는 안 될 유익한 물질이다.

# 4. 황토에서 발산되는 원적외선이란 무엇인가?

황토에는 체질이 건강한 알칼리성으로 개선되는 생명력이 있다.

파장이 적색 가시광선보다 길고, 열작용이 큰 전자파(눈에 안 보이고 공기 중의 투과력이 큼) 즉, 열에너지를 공급해주는 긴 파장대의 광선을 말하며, 이 중 인체에 가장 유익한 파장은 5㎛ ~15㎛로 주로 황토, 견운모, 맥반석 등에 다량으로 함유된 원적외선은 피부의 심층(3~4cm 깊이)까지 침투하여 세포를 촉진해서 체온을 높이는 작용을 한다. 이때 체온이 상승하면서 성장촉진에 현저한 효과가 있다. 특히, 땀이 다량 방출되면서 얻어지는 탁월한 효과로 각종 유독성 물질, 노폐물, 중금속류가 땀과 함께 다량 방출되면서 체질이 건강한 알칼리성으로 개선된다. 또한, 육체와 정신의 긴장을 이완시켜 주기 때문에 성인병의 원인이 되는 스트레스 해소에도 효과가 있다. 원적외선의 생체에 대한 효과는 기온효과, 혈액촉진, 대사기능항진, 발한촉진, 진통효과 및 그 밖의 몇 가지 생리 활성화에 관한 연구가 보고되어 있다. 적외선은 1800년 F.W.Hershel이 가시광선보다 열효율이 높고 온도를 상승시키는 효과가 있음을 처음으로 발견한 이래 1835년 A. Amper가 가시광선의 적색보다는 장파장의 성질을 갖는 전자파의 존재를 적외선이라고 명명하였다. 이러한 적외선 전자파 중에서 원적외선은 4마이크론을 경계로 반사의 성질을 갖는 빛은 근적외선이라 하고, 흡수의 성질을 가지는 복사선을 원적외선이라고 말한다. 이와 같은 원적외선은 동식물을 발육시키고 혈액순환을 촉진해 인체를 건강하게 하는 효과가 있기 때문에 일명 생육광선 또는 건강광선이라고도 부른다. 특히 원적외선은 복사열로서 전도열(물체 내부를 매체로 고온에서 저온으로 이동)이나 대류열(기체 또는 액체를 매개로 이동)처럼 다른 열전달 매체를 통하지 않고 직접, 순간적으로 전달되는 성질을 가지고 있다.

# 5. 황토의 미생물학적 이해

진천 백곡리 현장. 가족들이 모여 황토체험을 하고 있다.

강화 테라롯지 흙집 펜션. 황토를 메주처럼 일일이 손으로 빚어 벽체를 올리고 있다.

## 미생물이란?

일반적으로 미세한 현미경적 크기의 생물에 대한 총칭으로서, 원핵생물에 속하는 세균 방선균 남조, 진핵생물의 곰팡이 효모 버섯 등의 균류, 단세포 조류의 원충 등을 말한다.

황토의 기능에서 밝혔듯이 황토는 살아있는 생물체 덩어리이다. 황토 속에 수억 마리의 생명체가 존재한다는 사실과 함께 황토 속의 생명체가 우리 인간에게 어떠한 영향을 미치는가를 알기 위해 우선 흙 속에 어떠한 효소들이 들어 있는지 일본 미생물연구회에서 발표한 〈흙의 미생물 1989〉 자료를 인용하여 밝혀보기로 한다.

최근 생화학 분야에서 그 존재가 알려진 효소의 종류는 약 1,300여 종류에 달하고, 흙 속에서 활성이 이루어지는 효소는 약 50여 종류가 된다고 한다. 그리고 대부분이 가수 분해 효소에 속한다고 하는데, 이들 중 인체를 건강하게 유지하는데 기초적으로 필요한 4가지 흙 효소를 알아보면 다음과 같다.

### 1 | 카탈라아제

흙의 효소 중 가장 중요한 기능을 하는 효소로서 독소인 과산화수소를 제거하여 생물에게 적절한 토양환경을 만들어 주는 역할을 하고 있다고 알려졌다.

인체 내에서는 대사 작용 과정에 과산화지질이라는 독소가 발생하면 노화현상이 오는데, 이때 양질의 황토 속에 몰(mole)을 넣고 있으면 흙의 강한 흡수력으로 체내 독소인 과산화지질이 중화 또는 희석되어 노화현상을 방지하는 작용을 한다.

### 2 | 프로테아제

적토와 황토 속에 많이 함유된 효소로 단백질 속의 질소가 무기화될 때 단백질을 아미노산으로 가수분해하는 역할을 하며, 동물성 폐기물의 단백질이 포함하고 있는 질소가 가수분해를 거쳐 아미노산으로 무기 질화시키면서 흙 속의 정화와 분해에 탁월한 작용을 한다.

특히 인체의 항원 면역력이 숨 쉬고 있는 한 면역력 밖의 불필요한 암, 종기, 기타 부패한 세포를 흙 속에서 프로테아제의 도움으로 순식간에 분해, 파괴할 수 있다. 이처럼 분해력이 뛰어난 황토를 환부에 바르거나 황토 토굴 속에 누워 있으면 환부가 분리되어 분해되고 새살이 돋아나게 된다. (과산화효소)

### 3 | 다이페놀 옥시다아제

이 효소는 분자 상의 산소를 이용하여 일어나는 산화 반응을 촉매하는 효소이다. 생체 내에서는 여러 가지 유기 무기 화합물의 산화 환원이 일어나는데, 이 반응으로 말미암은 생활이나 생체 구성성분의 합성에 필요한 에너지를 얻는 데 필요한 효소이다. (산화 환원 효소)

### 4 | 사카라아제

이 효소는 일반 흑토보다 황토 속에 많이 서식하고 있으며 호소로 수크로오스를 가수분해하여 글루코오스(포도당이라고도 하며, 동물의 영양제, 해독제, 강장제 등으로 널리 사용함)와 프룩토오스(과당)를 만드는 효소로서 생물계에 널리 분포해 있는 영양 효소이다.

이 밖에도 흙 속에는 여러 가지 인체에 유익한 효소들이 많이 있다. 그것들은 모두 흙 속에 공존하면서 식물을 자라게 하는 등 자연계의 원소 순환을 돕는 역할을 한다.

## 6. 황토의 약효와 우수성

순천 선암사. 공사 전에 황토반죽을 준비한다.

### 1 | 문헌으로 본 황토의 약효와 우수성

(1) 『향약집약성』에 의하면 여름철 땀띠가 날 때 황토를 가루로 바르면 낫는다. 또 배와 명치가 아플 때 황토를 뜨겁게 하여 천에 싸서 찜질하면 곧바로 낫는다고 되어 있다.

(2) 『본초강목』과 『동의보감』에 의하면 땅의 기운을 지닌 황토 온돌방에 솔잎을 깔고 자면 당뇨병, 고혈압, 중풍에 탁월한 효능이 있으며, 약쑥을 깔고 자면 산후부인병, 위장병, 비만, 빈혈 등에 효과가 있고 오늘날 냉과 지기의 부족으로 발생하는 냉증, 신경통, 관절염 등에 효과가 있다고 밝히고 있다.

(3) 『명의별록』에 의하면 황토는 독이 없으며, 폐, 비장, 방광에 좋은 영향을 끼치고 간에도 좋은 약 성분이 흡수된다. 또한, 지혈, 어지러움, 경기, 설사에 잘 듣고 뱃멀미나 특히 군살(비만)을 없애는 데 쓰였다. 기를 내려 살과 근육을 튼튼하게 했기에 강병 술에서 항마군의 상비약이 되기도 하였으며 해독성이 가장 강하다고 했다.

(4) 『신농본초경』, 『향약집성방』, 『동의보감』에 의하면 흑운모의 특성은 달고 따뜻하다고 되어있다.

(5) 『양청내관』에 의하면 백운모는 특수 제조할 때 불로장생의 선약이 된다고 했다.

(6) 앤드루 토머스의 1971년 판 『태고사의 수수께끼』 책에 의하면 17세기 말 중앙가열난방, 즉 온돌 난방식이 발명된 후 완성된 것이 유럽식의 난방장치였다. 이런 유럽식의 난방장치 발명보다 약 4천 년이 앞선 고조선 시대와 부여, 마한, 진한, 변한시대에 우리 조상은 부엌 아궁이 속에 구들을 놓아 구들 속을 순환하는 뜨거운 공기로 방을 덥게 하는 황토방을 발명하고 영하 25도 이상의 혹한 속에서도 따뜻한 황토 방 생활을 영위했다.

(7) 『야사』에 의하면 조선개국초기 정도전은 계룡산에 양질의 운모가 다량으로 출토되어 왕도로 정하면 관군을 양병하고 백성이 건강할 수 있다는 이유를 들어 서울을 새 도읍지로 이성계에게 주청했다고 한다.

(8) 궁중 비법 이원섭의 『왕실 양명술』에 의하면 세종대왕이 궁궐 안에 황토 움집을 세 곳에 지어 이용하면서 백성도 이용하도록 하였다는 기록이 있으며, 조선말 강화도령이 임금이 된 후에 고향에 두고 온 첫사랑이 그리워 상사병에 시달리자 내시들이 궁중에 3평 정도의 황토집을 만들어 방안에 쑥이나 솔잎을 넣어 불을 지펴 병을 치료했다고 전하고 있다. 실제로 민간에서 상사병을 앓고 있는 사람에게 황토를 은단처럼 작게 만들어서 먹였다고 한다.

(9) 조선 중기의 학자인 오주 이규경이 남긴 문집에 보면 고려 중기 고관들 집에서는 황토집을 만들어 방바닥에는 송판을 깔고 화로를 들여놓았는데 나이가 많은 노재상이나 병자들이 섭생, 치병을 위해 그곳에서 겨울을 보내기도 했다는 구절이 있다.

(10) 『본초강목』에 의하면 황토는 고기독, 열독, 아랫배 통증 및 식중독 치료에 사용되었다고 쓰여 있다. 특히 아궁이 속에 오래 묵은 황토로 만든 복룡간은 각종 출혈 체증 및 구토 등에 쓰였다고 기록되어 있다.

(11) 『산해경』에 의하면 인체의 암이나 종기 등의 기타 해로운 세포들을 흙 속의 효소인 프로테아제가 분해, 해독시켜주고 몸을 정화해 주는 기능을 한다고 기록되어 있다.

(12) 『향약집성방』에 의하면 황토 원적외선의 기를 받으면 산후통, 질병 등 탁월한 효과가 있다고 한다.

(13) 『조선왕조실록』에 보면 조선시대에는 임금을 위해 초가지붕으로 된 황토방을 별채로 지어 놓았다고 한다. 특히 광해군은 대궐 안 어수당 부근에 3평 정도의 황토 밀실을 지어 놓고 늘 이곳에서 지냈는데 어느새 지병인 종기 등이 나았고 그때부터 황토방이 광해군의 건강을 위한 휴게소로 사용되었다는 기록이 있다.

(14) 이 밖에도 보릿고개를 넘길 때부터 흙으로 식량을 대체하여 사용한 강원도 영월, 전북 장수, 경기도 양평 지방에서는 오늘날에도 흙으로 만든 음식을 별미로 즐겨 먹고 있다. 이 지방 뒷산에서 파낸 백토를 밀가루와 6:4의 비율로 반죽한 흙떡으로 송편, 인절미, 국수, 빈대떡 등을 만들어 먹는다.

## 2 | 황토 목욕법

지장수는 황토를 걸러 받은 물을 말한다. 눈이 피로해 눈곱이 끼거나 가벼운 안질에 걸렸을 때 지장수로 씻으면 효험을 보고 채소나 과일에 잔류 된 농약을 씻어내는데도 화학 세제보다 더욱 안전하다. 황토육법은 온몸의 독을 제거하는 효과가 있다. 황토 육법의 방법은 야산에서 경사지에 1m 정도 파고 그 안에 들어가 목만 내놓은 채 흙으로 온몸을 덮은 후, 휴식을 취하면 된다. 황토 목욕을 하기에는 여름철이 좋으며 일 년에 단 한 번만 하는 것만으로도 충분히 건강을 유지할 수 있다. 황토 목욕은 집안 목욕탕에서 온 가족이 즐길 수 있는 건강법이다. 무명 자루에 황토 한두 되 정도를 담아서 묶는다. 이 자루를 섭씨 38~40도 정도의 물이 담긴 욕조에 넣으면 물이 옅은 노란색을 띠며, 이때 비누로 가볍게 샤워를 하고 욕조에 들어가면 된다. 욕조에 몸을 담근 후 15분 정도 지나면 몸속의 노폐물이 제거되고 피부미용효과가 있다. 황토를 무명 자루에 5kg 정도 넣어 아랫목에 묻어준다. 시간이 지나 자루가 뜨거워지면 꺼내서 팔, 다리, 등 부분과 같이 아픈 곳에 갖다 대거나 베고 누워도 좋다. 한번 만든 황토 자루는 1주일 정도 쓸 수 있으며 감기에 걸렸을 때도 황토 자루를 만들어 등에 대고 하룻밤 자고 나면 몸이 가벼워진다. 황토마사지는 여성들의 미용법으로 사용되는 황토 요법이다. 길이 7cm 정도 되는 작은 가제 주머니에 죽염이나 볶은 소금, 레몬즙 황토를 섞어 반죽한 것을 집어넣는다. 세수한 직후에 주머니를 얼굴 군데군데에 대고 꾹꾹 눌러주었다가 피부에 흙의 감촉이 느껴지면 떼어낸다. 이 미용법은 피부가 매끈해지는 효과가 있으며 지장 수를 이용하여도 같은 효과를 볼 수 있다.

화성 기천리주택. 한식목구조 흙집 한옥

### 3 | 황토의 민간요법

민간에서는 불에 덴 상처에 벽의 흙을 긁어 물에 타서 먹였다. 또, 혀 병은 묵은 집의 벽토를 핥으면 낫는다고 여겼다. 상사병으로 생긴 속병에는 황토를 은단처럼 작게 만들어 흡수로 먹으며, 돌림 고뿔에는 황토에 똥을 섞어 환을 지어서 불에 태운 다음 먹으면 효험이 있다고 여겼다. 또, 각기병에는 병자가 태어난 고향의 흙을 먹이고, 마음속으로 그리워하는 여인이 있을 때는 그 여인의 집 흙을 파서 먹으며, 과거의 뜻을 가진 선비는 성균관이나 문묘의 흙을 먹으면 좋은 결과가 있을 것으로 여겼다. 그뿐만 아니라, 정신병자에게는 선조 무덤의 썩은 흙을 몰래 먹이면 효과가 크고, 높은 곳에서 떨어져 상처를 입은 데는 떨어진 곳의 1척 밑 흙을 파서 먹이면 좋다고 했다.

### 4 | 황토 지장수를 만드는 법

맑은 물이 담긴 항아리에 황토를 넣은 베보자기를 넣어 두었다가 황토가 물속으로 배어 나오면 꺼내는 것이다. 이때 물속을 들여다보면 황토 성분 때문에 물이 뿌옇게 되지만 시간이 지나면 흙은 가라앉고 엷은 노란색의 물이 떠오르는데 그 물이 바로 지장수다. 지장수를 제대로 만들려면 물과 황토의 비율을 5:1로 하여 21번 휘저은 후 12시간 이상 가라앉혀 위로 떠오르는 물만 따로 받아 사용한다.

### 5 | 황토를 활용한 동물들의 지혜

(1) 소 : 여물을 먹고 난 뒤 황토로 제독작용을 하여 건강을 유지한다.

양주 수경당. 한식목구조 흙집 펜션

(2) 개 : 속에 탈이 날 때 황토구덩이에 배를 깔고 단식을 하여 치유한다.
(3) 닭 : 쑥밭 근처의 황토로 목욕하여 치병한다.
(4) 곰 : 상처를 흙탕물에 담가 치료한다.
(5) 잉어 : 병난 잉어가 있는 연못에 황토를 넣어 처방한다.

이처럼 황토를 잘 이용한다면 먹고, 마시고, 그릇으로, 침대로, 토굴을 짓거나 집을 지어 살기도 하는 등 그 용도와 쓰임새가 무궁무진함을 알 수 있다.

❶ 황토의 효능을 요약하면 다음과 같다.

01. 혈액순환과 신진대사
02. 피로회복, 질병 치료
03. 불면증, 노화예방

❷ 황토가 좋은 9가지 이유

01. 숨을 쉰다. (공기가 잘 통한다.)
02. 습도조절 능력이 우수하다.
03. 항균효과가 크다.
04. 곰팡이가 피지 않는다.
05. 냄새를 없애는 효능이 뛰어나다.
06. 적조방지 능력이 우수하다.
07. 방열 효과가 좋다.
08. 높은 온도를 오랫동안 지속한다.
09. 원적외선 방사량이 많다.

## 2장
# 황토집 짓기 공정관리

- 022   공사개요 및 준비
- 026   황토집 짓기에 필요한 자재와 공구
- 035   가설공사 / 토공사
- 036   기초공사
- 038   조적공사와 외부 문틀, 창틀공사
- 040   처마도리 공사
- 041   삼량, 오량, 귀접이 등 천장공사
- 044   전기공사
- 046   처마, 지붕 만들기
- 050   지붕공사
- 054   황토미장 공사
- 056   방수공사
- 057   타일공사
- 059   설비공사
- 062   창호공사
- 064   구들공사

# 2장. 황토집 짓기 공정관리

군위 내의리주택. 황토벽돌 구조이다.

황토로 다짐한 토담집구조이다.

## 1. 공사개요 및 준비

### 1 | 건축개요

황토 건축은 일반적으로 뼈대를 구성하는 재료에 따라 황토벽돌 시공법, 목구조 시공법, 생황토(다짐) 시공법, 목구조+황토벽돌 시공법, 생황토+돌·기와·통나무 시공법, 통나무+생황토 시공법(귀틀집) 등으로 분류할 수 있다. 본 서에서는 황토벽돌 시공법을 기준으로 착공에서 준공까지 어떻게 작업을 진행하는지를 사진과 설명 글을 통하여 예비 건축주에게 간접적인 공사 경험을 전달하는 것을 목적으로 한다. 그러나 건축물에 따라 용도, 규모 등이 각기 달라 공사 진행방법의 모두를 기술하기는 불가능하다. 따라서 한 건축현장을 실례로 공사 사진과 함께 진행방법에 대해 설명하고자 한다.

| | |
|---|---|
| 공 사 명 | 한식 황토주택 신축 현장 |
| 대지위치 | ○○시 ○○면 ○○리 ○○번지 |
| 공사기간 | 20 년 월 일 ~ 20 년 월 일 |
| 건 축 주 | ○○○ |
| 건물용도 | 전원주택 |
| 구   조 | 외벽_황토벽돌 조적(벽두께 30cm)<br>내벽_황토벽돌 조적 |
| 대지면적 | 약 ○○평 |
| 건축면적 | 약 ○○평 |

## 2 | 공사용 설계도면

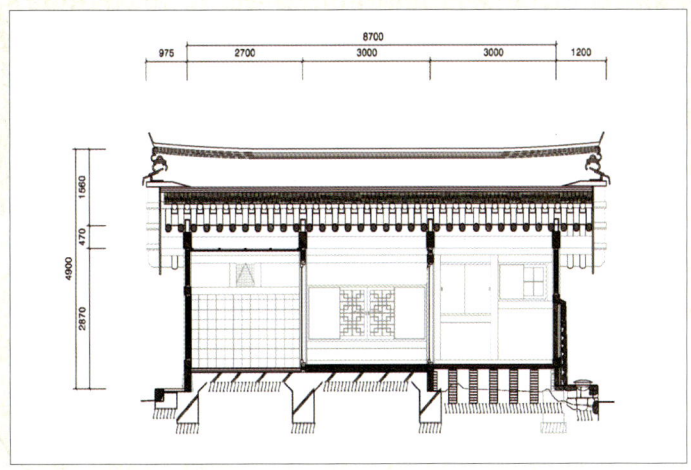

종단면도

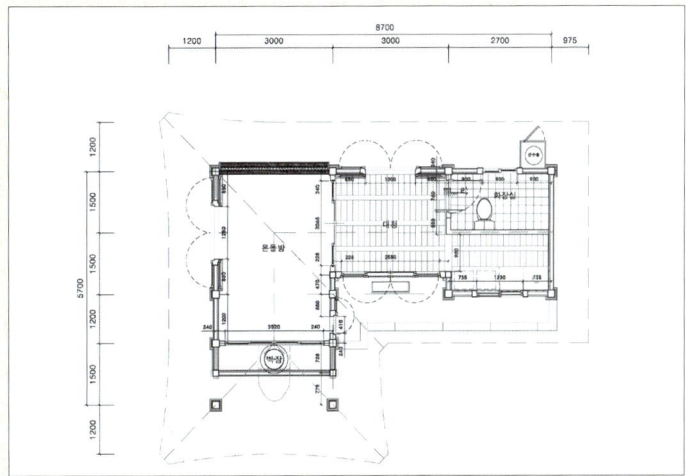

평면도

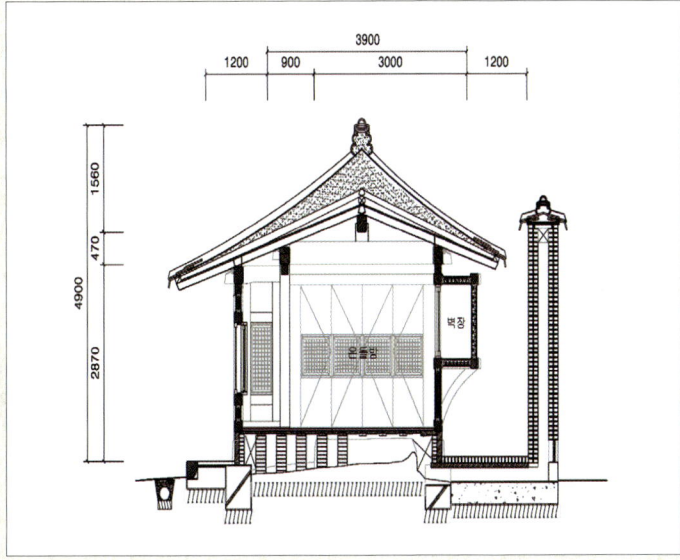

횡단면도

1. 공사개요 및 준비 | 2장 황토집 짓기 공정관리 | 023

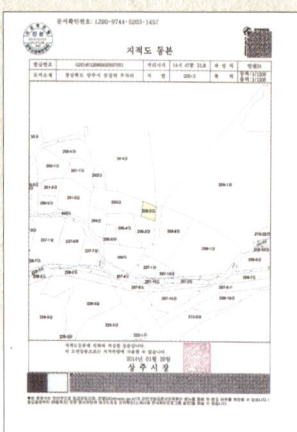
지적도

강화 테라롯지 흙집 펜션. 목심 흙집으로 본채인 하늘나리와 참나리, 땅나리가 하나로 이어져 완성되어가는 모습이다.

## 3 | 공사 준비

### (1) 계약도서의 확인
공사 준비를 위하여 우선 계약도서를 확인한다. 설계도서(설계도, 시방서), 건축물의 규모, 구조, 마감내용 등을 검토한 후 건축주에게 미비점에 대해 직접 설명을 듣고 주기적으로 대화하여 상호 이해를 넓혀야 한다.

### (2) 현장조사
현장에서 확인해야 할 내용은 대지의 경계선과 형상, 대지 내·외의 매설물, 지반의 상황, 주변도로와 교통상황, 공사용 상하수도의 인입 여부, 전기설비 인입 등을 들 수 있다.

### (3) 공정표 작성
공정계획 시 특히 우기 및 명절 등을 고려하여 세밀하게 계획해야 한다.

상주 부곡리주택

측량 말뚝

| 공사종류 | | ○○○○년 | | | 공정률(%) |
|---|---|---|---|---|---|
| | | ○○월 | ○○월 | ○○월 | |
| 토목공사 | 토공사 | | | | |
| | 배수시설공사 | | | | |
| | 급수시설공사 | | | | |
| | 도로마감(포장)공사 | | | | |
| | 소계 | | | | |
| 건축공사 | 가설공사 | | | | |
| | 토공사/지정공사 | | | | |
| | 철근콘크리트기초공사 | | | | |
| | 조적공사 | | | | |
| | 도리·보공사 | | | | |
| | 방수공사 | | | | |
| | 타일공사 | | | | |
| | 석공사 | | | | |
| | 미장공사 | | | | |
| | 창호공사 | | | | |
| | 유리공사 | | | | |
| | 도장공사 | | | | |
| | 수장공사 | | | | |
| | 지붕공사 | | | | |
| | 잡공사 | | | | |
| | 소계 | | | | |
| 난방공사 | 구들공사 | | | | |
| | 보일러배관공사 | | | | |
| | 난방배관공사 | | | | |
| | 위생기구설치공사 | | | | |
| | 위생배관공사 | | | | |
| | 굴뚝설치공사 | | | | |
| | 소계 | | | | |
| 전기공사 | 옥내전기공사 | | | | |
| | 옥외전기공사 | | | | |
| | | | | | |
| | | | | | |
| | 소계 | | | | |

# 2. 황토집 짓기에 필요한 자재와 공구

••• 황토집을 짓기 위해서는 여러 가지 자재와 공정에 맞는 연장이 필요하다. 흙집 공사에 필요한 필수 자재 및 기본적인 공구에 대해 알아보자.

## 1 | 황토집 공사에 필요한 자재

황토집은 흙벽돌집, 담틀집, 한식목구조 심벽집, 목구조 흙벽돌집, 혼합형 흙집, 목심 황토집, 통나무 황토집, 귀틀집 등 종류와 시공방법에 따라 자재의 선택이 결정되므로, 본 장에서는 가장 일반적인 황토벽돌집을 중심으로 기본 자재인 황토와 목재, 황토벽돌을 소개하고자 한다.

### (1) 건축용 황토

황토는 철분과 함께 산화작용을 해서 황색, 적색, 미색, 회색 등의 다양한 색을 띤다.

건축용 황토 진흙반죽 　　　　　　　　　　　　　　　초벽 바름용 진흙반죽

선별한 순황토

상주 황토

지구상의 수많은 종류의 흙 중에서 가장 쓸모 있는 광물질로 알려진 황토는 가는 모래 조립질과 중립질로 이루어져 있고, 내포된 다량의 탄산칼슘에 의해 쉽게 부서지지 않는 점력을 지니고 있어 물을 가하면 찰흙으로 변하는 성질이 있다. 철분과 함께 산화작용을 일으켜 황색, 적색, 미색, 회색 등 다채로운 색깔을 띤다.

건축용으로 좋은 흙이라면 일반적으로 황토, 적토, 홍토를 말한다. 우리나라에 분포하고 있는 흙은 지역에 상관없이 모두 건축용 흙으로 사용할 수 있으나, 점성과 강도, 통기성 면에서 어느 정도 일정한 조건이 맞아야 건축용으로 사용 가능하다. 적토, 홍토가 건축용으로 좋다고 얘기하는 사람도 있으나 가장 좋은 흙은 황토(黃土)만 한 것이 없다. 황토 중에서도 석비래(마사토)가 약 30~40% 정도 포함되어 점력과 강도, 통기성이 모두 좋은 황토가 가장 우수한 건축용 흙이라 할 수 있다. 그러나 현실적으로 황토를 구하기가 쉽지 않으므로 점성이 어느 정도 있는 흙이라면 모두 건축용으로 사용할 수 있다. 우리나라의 흙은 대부분 점성이 높은 편이어서 건축용으로 사용하려면 흙에 석비래(마사), 모래 등을 배합하여 점성을 낮춰주어야 한다. 건축용 황토를 식별하는 가장 간단한 요령은 점력이 있는 황토에 물을 약간 넣어 알매흙으로 만든 다음 가슴높이에서 떨어뜨렸을 때 흐트러지면 적당한 건축용 황토이다. 다시 말해 수분을 더해서 점력이 있는 흙은 모두 건축용 흙으로 사용할 수 있으나, 통기성과 견고성을 모두 갖춘 황토가 무엇보다도 가장 좋은 건축 재료이다.

원재료가 좋아야 좋은 건축물이 만들어지는 것은 당연한 이치이다. 점력이 있는 황토라면 모두 건축 재료로 사용할 수 있다 하더라도, 더욱 건강에 좋은 우수한 건축물을 짓기 위해서는 농약이나 화학비료, 기타 오염물질에 오염되지 않은 황토를 사용해야 한다. 산이나 밭에서 황토를 채취할 경우에는 부엽토를 60cm 정도 걷어 낸 후 오염되지 않은 흙을 채취하여 야적하고 7일 이상 숙성시켜야 한다. 흙이 햇빛과 공기를 접하는 숙성과정에서 갑작스러운 충격은 흙의 좋은 특성들을 잃게 할 수도 있으므로, 비나 눈에 맞지 않도록 보온 덮개나 방수포 등으로 잘 덮어 햇빛에 서서히 노출시켜야 한다. 흙을 숙성시킨다는 것은 그동안 잠자고 있던 흙을 깨운다는 뜻이다. 흙이 가지고 있는 여러가지 특성들은 햇빛과 공기를 조심스럽게 접함으로써 최고조에 달한다. 비유하자면 모태로부터 새로운 생명이 탄생해 세상과 처음 접했을 때 조심스럽고 세심한 주의가 필요한 이치와 같다. 흙은 살아 숨 쉬는 생명체와 같다고 말할 수 있다. 처음 채취했을 때와 숙성 후 유익한 미생물이나 효소의 증가된 양을 비교해보면 더욱 극명하게 드러난다. 좋은 흙을 구하여 잘 숙성시켰다면 '황토집짓기의 절반은 성공한 셈이다.' 라고 할 정도로 흙을 숙성시키는 과정은 그만큼 중요하다.

황토는 집을 짓는 집터나 가까운 주변에서 채취하여 쓸 수 있으면 가장 좋다. 하지만 주위환경과 시기 등 여건이 맞지 않아 어려울 때는 황토벽돌공장이나 황토를 판매하는 곳을 찾아가 구매해 사용하면 된다. 황토벽돌의 경우 황토에 첨가물을 혼합하는 생산과정이 필요하지만, 생황토는 이런 과정이 필요 없으므로 원하는 시기에 곧바로 가서 구매하여 사용할 수 있고 판매하는 곳 또한 많다. 대개는 1톤 자루에 담아서 판매하고 있는데, 이런 생황토를 판매하는 황토벽돌공장은 전국적에 많이 분포되어 있다.

### (2) 황토벽돌

황토벽돌이란 단어가 무척 생소하게 느껴지던 시절이 있었는데 이제는 어느 순간 우리 곁에서 흔하게 볼 수 있는 건축자재가 되었다. 60년대까지만 하더라도 자주 눈에 띄는 집이 황토벽돌집으로, 이때의 황토벽돌집은 주변에서 쉽게 구한 황토와 볏짚을

의성 흙내황토. 유압식 황토벽돌

유압식 순황토벽돌

섞어 수작업으로 메주처럼 빚어 만들거나 혹은 목판 틀에 넣어 만들어 사용하곤 했다. 그러나 요즘은 노동력 부족과 인건비 상승, 준비기간 등의 문제로 유압식 기계나 고압력 프레스로 만든 황토벽돌이 대량생산되어 시중에서 판매되고 있다.

황토는 자연소재이므로 화학첨가제나 강화제 등을 섞어 사용하면 통기성이나 건·습성 등의 기능이 현저하게 떨어진다. 간혹 시중에서 시멘트벽돌보다 더 단단한 황토벽돌을 보게 되는데 이는 시멘트나 다른 화학첨가제를 혼합하여 만들었기 때문이다. 순수 황토로만 제작한 벽돌이라 하더라도 벽돌의 견고성을 위해 과도한 압력을 가하면 황토 본연의 통기성이나 건·습성을 잃을 수도 있다. 우리가 황토집을 지어 살려고 하는 가장 큰 목적은 천연재료인 황토를 이용하여 더욱 건강하고 쾌적한 환경을 만들고자 함인데, 황토 본연의 성질을 잃어버린 벽돌이라면 무슨 의미가 있겠는가 하는 반문을 제기하게 된다.

황토벽돌은 순수황토+볏짚+마른솔잎으로 만드는 것이 일반적이다. 일부에서는 숯과 한약재 등을 넣어 만들기도 하는데 그 용도를 정확히 알고 사용해야 한다. 주거를 목적으로 하는 건축물이라면 순수 황토나 유기농 볏짚을 넣어 만든 벽돌을 사용하는 것이 바람직하다.

황토벽돌공장에서 대량으로 생산하는 황토벽돌은 벽돌의 견고성을 높이기 위해 첨가물을 혼합하는 경우가 있다. 건축주의 취향이나 사정과는 무관하게 미리 제작된 황토벽돌을 구해서 사용할 수도 있지만, 첨가물이 없는 순황토벽돌을 원한다면 황토벽돌공장을 직접 방문하여 주문생산방식의 맞춤형 순황토벽돌을 제작해 사용하면 된다. 벽돌의 양생 속도가 늦어 시간은 다소 걸리지만, 첨가물의 배합공정이 생략되고 자재를 절약할 수 있는 이점도 있어 이를 필요로 하는 건축주나 벽돌을 만드는 업체 입장에서 볼 때 마다할 이유가 없다.

### (3) 목재의 종류와 계산법

#### 01. 목재특성
목재는 질감이 부드럽고 가공이나 착색이 용이하다. 종류에 따라 적당한 강도를 지니고 있고 잘 휘거나 접합성이 좋아 건축 및 가구, 공예 등 실생활에서 다양한 분야에 폭넓게 이용되고 있다. 석유화학제품의 발달로 많은 대체품이 나와 있으나 목재의 수요는 여전히 증가하고 있는 추세다.

#### 02. 용도에 맞는 목재종류
- 건축재와 내장재(內裝材): 라왕, 미송, 홍송, 육송, 오크, 기타 잡목 등
- 공예조각: 피나무, 장미목, 호두나무, 홍송, 마디카(판화용), 티크(가구용), 오크 등

현지에서 생산된 원목

- 무늬목 : 국내에 수입되는 거의 모든 목재로 가공하며 목재를 0.13mm, 0.3mm로 얇게 깎아 사용한다. 대량주문 시 0.5mm, 1.5mm의 두께로 깎기도 한다.
- 비계목 : 육송, 낙엽송 등 (수치의 계산 없이 원목 그대로 판매되는 나무를 말한다.)

## 03. 목재규격 및 치수

### 가. 목재 치수
- 1척(자) = 30.3cm (303mm)
- 1치 = 3.03cm (1/10자: 30.3mm)
- 1푼 = 0.3cm (1/10치: 3.33mm)
- 1inch = 25.4mm

제재소에서 제재한 각재

### 나. 목재규격 : 각재(角材)의 경우
- 1치×1치×8자, 9자, 10자, 12자까지 장척이라 하고 4자와 6자는 단척이라고 한다.
- 그 외 1치×1.5치, 0.8치×1치, 1치×2치, 1.5치×3치 등 다양하다.

치목한 목재

## 04. 목재단위와 단가 계산법

### 가. 1사이(재材)
목재의 가로×세로×길이가 각각 1치×1치×12자 또는 3치×4치×1자를 1재(材) 또는 1사이라고 하는데 모든 목재의 양을 말할 때는 '○○ 재(사이)'라고 한다.

예를 들면,
- 가로×세로×길이가 1치×1.5치×12자인 각목 1개는 1×1.5×12÷12=1.5로 계산해서 1.5사이라고 한다.
- 가로×세로×길이가 5치×5치×8자인 목재 사모기둥은 5×5×8÷12=16.7사이가 나온다.

한식목구조에 사용할 원기둥

### 나. 1cm, 1inch로 표시한 경우
목재의 치수가 cm 또는 inch로 표시된 경우는 '치'로 고쳐서 계산하면 된다.

### 다. 목재 단가
목단가(목재의 종류와 크기에 따라 다르다)×계산한 목재의 양(사이)=목재의 가격이 된다.

서까래용으로 가공한 목재

## 2 | 황토집 공사에 필요한 목공구

황토집짓기에 필요한 목재를 가공하기 위해서는 다양한 종류의 공구들이 필요하다. 엔진톱, 전동공구, 수공구 등 어떤 종류의 공구라도 사용법과 손질법을 사전에 완전하게 숙지하여 사용할 것을 권한다. 작업의 안전성과 효율성은 공구를 얼마나 능숙하게 잘 다루느냐에 따라 좌우된다.

### 01. 공구함(Tool box)
고충격성 투명커버를 적용한 공구 수납함. 내부에는 2단 공구수납 판이 설치되어 있다.

### 02. 엔진톱(Chain Saw)
전원주택을 지을 때 가장 많이 사용하는 중요한 공구이므로, 높은 사용빈도만큼이나 내구성 또한 뛰어난 제품을 사용해야 한다. 허스크바나 254XP(스웨덴산, 가장 보편적인 신 262모델), 스틸(독일산), 존스레드(미국산) 등의 종류가 있는데, 일반적으로 많이 사용하는 것은 스웨덴의 허스크바나와 독일의 스틸사의 제품이다.

### 03. 그라인더(Grinder)
나무 표면을 깨끗하게 정리할 때, 굴곡지거나 굽은 면을 마무리할 때, 또는 평면대패를 사용할 수 없는 곳에 주로 사용한다. 규격은 7인치와 3인치 두 가지를 준비하는 것이 편리하다. 7인치 그라인더는 샌딩페이퍼를 부착해 나무의 넓은 면을 빠르고 부드럽게 다듬는 샌딩(Sanding) 작업 시 사용하고, 3인치는 옹이 주위와 같이 7인치 그라인더가 미치지 못하는 곳에 사용한다.

### 04. 대패(Plane)
나무의 단면을 평면으로 정리할 때는 5인치 정도의 평면대패를 사용하고 굴곡지거나 굽은 면은 곡면대패를 사용하면 편리하다. 고속 회전하는 공구이므로 날에 손이나 옷, 전깃줄이 끼지 않도록 주의해서 다루어야 한다.

### 05. 드릴(Drill)
나무에 구멍을 뚫을 때 사용하는 공구이다. 출력이 강할수록 무게가 많이 나가는데 작업에는 편리하고 회전방향이 좌우로 전환되는 드릴이면 더욱 좋다. 관통볼트용 구멍이나 전기 배선을 위한 구멍 등 통나무에 구멍을 뚫을 때는 길이가 60cm 정도 되는 목공 전용 드릴을 사용하고, 효율적인 작업을 위해서 용도에 맞는 다양한 지름의 날을 미리 준비해 둔다.

### 06. 망치(Hammer)
목재 작업 시 못을 박거나 빼는 용도로 사용하는 목공 전용 망치와 끌이나 나무를 때릴 대 주로 쓰는 망치가 있다. 목공전용 망치는 접합면에 홈이 나 있어 끌이나 나무를 때리면 끌 손잡이를 망가뜨리거나 나무에 흠이 갈 수도 있으므로, 끌 등에 사용할 때는 목공전용 망치보다는 망치의 접합면이 평탄한 일반망치를 사용하는 것이 좋다.

## 07. 끌(Chisel)

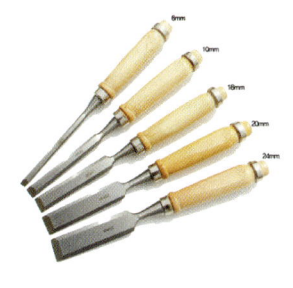

홈을 파거나 장부를 정리할 때에 사용한다. 사용방법에 따라 때리는 끌과 미는 끌로 나눌 수 있고 10mm, 20mm, 30mm 등 크기로 다양하다. 그때그때 작업 상황에 맞게 크기를 선택해서 사용하면 되는데 주로 30mm가 가장 많이 사용된다. 와셔 구멍을 팔 때는 반원형 끌을 사용하면 편리하다.

## 08. 수평계(Level)

수평과 수직을 측정하는 공구로 나무의 마구리면에 먹매김을 할 때나 기둥의 수직과 수평을 볼 때 사용한다. 60cm와 180cm 정도 두 종류를 준비해 두면 편리하다. 충격을 받으면 수평이 틀리게 되므로 보관에 주의한다.

## 09. 직각자(곡척) (Steel Square)

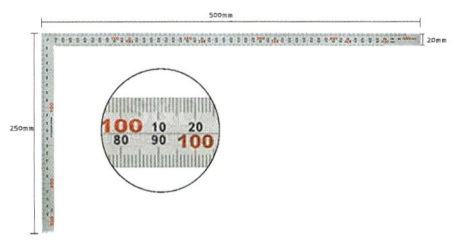

ㄱ자형으로 만든 스테인리스자로 정확한 직각을 유지하고 있어 먹매김 할 때 매우 유용하다. 50cm 정도로 양면에 cm로 표시된 것이 목재 작업에 편리하고 눈금이 보기 좋고 선명한 것을 선택해 사용한다.

## 10. 먹통

직각자로 그릴 수 없는 긴 직선이나 통나무와 같이 울퉁불퉁한 곡면에 직선을 그릴 때 사용한다. 선이 자동으로 감기는 제품과 수동으로 감는 제품 두 가지를 준비하면 편리하다. 자동은 스프링이 장착되어 있어 짧은 거리에서는 대단히 편리하지만 긴 거리에는 사용이 불편하다. 사용 시 통나무에 꽂는 핀이 나무에서 빠져 반대편으로 날아가는 경우가 종종 발생하므로 사용 시 주의한다.

## 11. 초크라인(Choke Line)

먹물 대신에 분필을 사용하여 먹통과 같은 용도로 사용한다. 통나무가 물에 젖어 있을 때나 추위로 인해 먹물이 얼어 버린 경우에는 초크라인이 편리하다.

## 12. 줄자(Tape Measure)

통나무작업에는 7.5m와 30m 정도 되는 두 가지 줄자가 필요하다. 7.5m는 늘 공구주머니에 휴대하고 다니면서 사용하고 30m는 기초작업 등에 사용한다. 30m 자는 가능하면 철로 된 것을 사용한다. 비닐 제품은 여름철에 강하게 잡아당기면 늘어나 오차가 생길 가능성이 있다.

### 13. 물 수평
먼 거리의 수평을 잡을 데 사용한다. 투명한 일반 비닐호스에 공기가 들어가지 않게 조심해서 물을 주입한다.

### 17. 고속절단기
목재를 절단하거나 철근 등을 절단하는 데 사용한다.

### 14. 귀마개(방음용 헤드폰)
엔진톱의 소음은 보통 100db를 넘는다. 방음용 귀마개를 하지 않고 오랜 기간 작업을 하면 소음성 난청을 일으키게 된다. 조금 귀찮고 덥더라도 반드시 귀마개를 착용하도록 한다. 여름철에는 헤드폰형보다는 귓구멍만 막는 작은 귀마개가 편리하다.

### 18. 전깃줄
전동공구와 불을 밝히는 전등에 전기를 쓸 때 연결해서 사용.

### 15. 공구주머니
기본적으로 늘 사용하는 도구들은 공구주머니에 담아서 몸에 차고 다녀야 작업을 효율적으로 할 수 있다.

### 19. 전동다짐기(콤팩터 Ccmpactor)
바닥을 다짐하는 데 사용.

### 20. 황토반죽기
황토와 모래 등을 넣고 반죽하는 기계로 인력으로 돌리는 믹싱드릴과 기계화된 반죽기가 있다.

### 16. 컴프레서(Compressor)
먼지를 털어 내거나 에어공구를 사용하는 데 쓰인다.

### 21. 양동이(박케스)
흙 반죽이나 물 등을 운반하는 데 사용.

22. 함지박(다라이 대·중·소)
진흙을 반죽하는 용도로 사용하기도 하고, 진흙반죽을 소량으로 운반하는 용도로 사용하기도 한다.

26. 벽돌 망치
벽돌을 절단하거나 못을 박을 때 사용.

23. 손수레(리어카)
흙이나 모래, 벽돌 등을 운반하는 데 사용.

27. 삽, 괭이
땅을 파거나 모래 등을 배합하는 용도에 사용.

24. 체(선별용 아미)
모래나 흙을 곱게 선별하는 데 사용.

28. 내림추
벽돌쌓기 등의 수직을 맞출 때 사용.

25. 벽돌 쌓기용 흙손
벽돌을 쌓거나 절단할 때 사용.

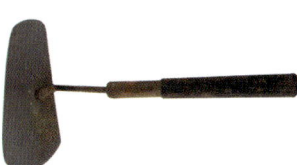

## 29. 미장 공구

미장 및 벽돌쌓기 등에 사용하는 연장 모음

01, 02_ 나무흙손(기고대): 나무나 플라스틱, 스펀지 등으로 만들어진 흙손은 바닥이나 벽체를 고르는 데 사용하며 면이 거칠게 마무리된다. 우리말로 '고름질흙손'이라고 표현한다.
03_ 큰 흙손(양고대): 미장작업 시 넓은 면을 고르게 바를 때 빠르고 편리하게 사용.
04_ 톱니흙손(압착고대): 타일을 붙이는 작업에 시멘트 등을 바르고 거칠게 해서 타일의 접착을 원활히 하기 위해 사용한다.
05_ 마감용 흙손(시아기고대): 미장 면을 끝으로 마무리하는 용도로 사용.
06, 07, 08, 09, 10, 11_ 흙손: 갖은 벽체 및 연골(양벽), 바닥 등 좁거나 넓은 공간에 사용.
12_ 대형 흙손(양고대): 바닥 미장작업 시 넓은 면을 고르게 바르는데 편리하게 사용.
13, 14_ 내민줄눈 흙손(메지고대): 전돌이나 사괴석 등을 쌓고 난 후 줄눈을 넣는 데 사용한다. 서양 사람들은 속줄눈이나 평줄눈을 선호하지만, 우리 선조들은 내민줄눈을 선호했다.
15, 27, 28, 39_ 줄눈흙손(메지고대): 벽돌이나 와편 등을 쌓고 나서 속줄눈이나 평줄눈을 넣을 때 사용한다.
16, 17, 18, 23, 24, 25, 26, 32, 33, 34, 38_ 앞이 긴 흙손(야네기바): 좁은 공간의 창틀, 문틀 사이, 홈 등의 좁은 공간을 마무리하는데 사용한다.

19, 20, 30, 31, 35, 36, 37_ 작은 흙손(오사이고대): 서까래 사이의 당골막이 등 작은 공간을 마무리 짓는데 사용한다.
21_ 모퉁이 흙손(기리스끼): 벽체의 미장 바르기 때 안쪽의 모퉁이를 마무리 하는데 사용한다.
22_ 모서리 흙손(마루멘): 벽체의 미장 바르기 때 벽체의 모서리를 마무리 하는데 사용한다.
29_ 한쪽 생기리: 줄눈작업을 일정하게 하는 용도로 사용.
40_ 주걱흙손(미장고대): 진흙이나 회반죽 등을 흙받이판에 떠서 올리는데 사용.
41_ 조개호미: 초벌 미장바르기용 진흙을 흙받이판에 떠서 올리는데 사용.
42_ 벽돌망치(냉가망치): 벽돌, 와편, 돌 등을 쌓는 작업을 할 때 깨거나 못을 박는데 사용한다.
43_ 벽돌흙손(냉가고대): 벽돌 등을 쌓을 때 사용.
44, 45, 46_ 미장 솔: 미장작업 때 물기를 묻히거나 주변을 닦아내는 데 사용.
47_ 흙받이판(고대판): 진흙이나 회반죽 등을 받아서 바르는데 사용. 조선시대에는 이탁(泥托)이라 하였다.
48_ 먹통: 수평과 수직을 잡고 곧게 먹줄을 쳐서 표시하는 데 사용.

# 3. 가설공사

## 1 | 가설공사

공사의 시작은 최초 가설공사로부터 시작하게 된다. 가설공사는 목적한 건축물을 시공하기 위하여 임시로 건물을 설치하고, 공사가 완료되해체, 철거하는 공사를 한다. 가설공사는 설계도서에 명시되어 있지 않으므로 전적으로 시공자 측에서 계획하고 철거해야 한다.

## 2 | 가설건물

현장사무실, 휴게실, 창고, 작업장 등 공사에 필요한 가설건물을 말한다.

컨테이너 가설건물

# 4. 토공사

## 1 | 구조형태

설계도에 따라 건축물의 기초를 지하지반 저면에 축조하기 위해서는 먼저 그 지반의 저면 밑까지 굴착해야 한다. 다음은 굴착으로 흐트러진 지반을 정지하기 위하여 잡석이나 자갈, 모래를 깔고(이것을 지정이라 한다.) 잘 다진 다음 그 위에 콘크리트를 타설한다. 기초구조의 형식에는 기본적으로 독립기초와 줄기초가 있으며, 여기서는 줄기초 형식으로 한다. 바닥 콘크리트는 기초, 전체평면 위치를 표시하기도 하고, 그 위에 거푸집이나 철근을 설치해야 하므로 정밀하게 작업해야 한다. 사실 기초의 깊이는 흙의 동결 깊이 이상, 즉 땅이 겨울에 동결하는 지하 깊이 이상에 기초 밑바닥이 위치해야 한다. 그렇지 않으면 겨울철에 기초하부의 흙이 동결되어 흙의 부피가 팽창하고 기초가 부상하는 동상현상(凍上現象)이 발생하여 건물에 변형을 가져올 수 있다.

터파기 전에 터파기할 부위를 미리 표시한다.

## 2 | 시공방법

터파기는 기초구조도에 따라 기초가 위치할 바닥까지 흙을 파내는 것을 말한다. 굴착토는 외부에 반출하고 일부는 되메우기에 사용한다. 굴착토를 부지 내에 쌓아둘 때는 빗물로 유출되거나 바람에 의하여 흩날려 이웃에 피해가 가지 않도록 해야 한다. 터파기 폭은 토질과 성산을 확인하여 지하 부분의 구조물을 완성할 때까지 공사에 지장이 없는 치수(여유 폭 40~50cm)를 확보해야 한다. 또한, 바닥 콘크리트 위에 토사가 유입하거나 작업의 진동으로 인해 낙하 또는 흘러내려 다시 손질하는 일이 없도록 조치해야 한다.

# 5. 기초공사

## 1 | 구조형태

전통 자연석기초 방식을 선호하는 분들이 많다. 물론 규모가 작은 건물에는 터파기 후 버림콘크리트를 하고 자연석기초도 가능하지만, 석유나 가스, 전기보일러 등 일반난방(엑셀배관 형태)이 필수인 현대는 콘크리트 기초의 선택을 피하기는 어렵다. 시공회사가 전문적으로 짓는 집이라면 하중을 고려한 각각의 공법이 정해져 있기 마련이다. 단독주택 기초공법의 일반적인 형태는 줄기초 방식을 선호한다. 건수가 많은 지형은 기초공사 할 때 한 곳을 깊게 파서 건수를 모으고, 구멍이 난 유공관을 부직포로 감싸 건수의 배수 관로를 별도로 만들어야 한다. 기초의 안정성과 습기방지에 반드시 필요한 조치이다. 논으로 사용하던 땅이나 건수가 많은 곳, 지반이 약해 보이는 땅으로 기둥과 건물의 하중을 받는 곳은 줄기초 옹벽을 기준점으로 할 때 가운데 위치에 줄기초 면보다 약 40~50cm 정도의 깊이에 사방 1m 폭으로 자리를 만들고, 철근으로 배근하는 별도의 방석을 앉혀 줄기초 옹벽과 결합하여 콘크리트 타설하는 것이 안전하다. 또는 확대기초 방식으로 건물의 안정성을 도모하는 것이 좋다. 구들방을 만들고자 하면 줄기초 옹벽시공 시 아궁이와 굴뚝의 위치를 지정하여 구멍을 만들어 놓아야 하며 그 자리는 되메우기를 하지 않는다. 터파기하고 난 후 일반적으로는 버림콘크리트만 치고 줄기초 옹벽을 시공하는데, 약 30cm 정도 잡석 지정을 해주면 기초 콘크리트 내부의 습기를 배출하고 외부의 건수를 차단하는 물끊기 역할을 한다.

줄기초 배근

레미콘으로 줄기초에 콘크리트 타설

매트기초 배근

레미콘으로 매트기초에 콘크리트 타설

기초 터파기 후 잡석 다짐

거푸집을 해체한 줄기초

자연석 원형기초

문경 이젠하우스. 버림콘크리트 타설

콘크리트 원형기초

## 2 | 줄기초 시공방법

규준틀을 설치한 후 줄 치기를 하고 터파기를 한다. 1~1.5m 폭으로 지표면에서 약 1.2m~1.5m 정도를 파 내려간다. 건물의 가운데가 주저앉지 않도록 칸막이벽 위치에도 옹벽을 세우도록 한다. 약 30cm 정도 잡석 지정을 한 후 바닥 콘크리트에는 버림콘크리트를 타설 한다. 하루 정도 지난 후 설계 도면에 따라 먹선을 정확히 놓은 후 철근을 배근한다. 옹벽은 지표면으로부터 60cm 이상 묻혀야 하고, 지상으로 노출되는 부분은 건축물의 설계와 기능에 따라 조정하되 최하 60cm 이상 노출한다. 철근은 보통 10mm와 13mm를 사용하고, 16mm 철근으로 보강하기도 한다. 옹벽의 두께는 보통 30cm 이상으로 한다. 레미콘은 버림콘크리트일 경우 180-12, 옹벽 콘크리트는 210-12 정도의 강도를 사용한다. 콘크리트 타설 후 다음날 거푸집을 철거하고 약 4~5일 정도 양생기간을 거쳐 되메우기 작업을 한다. 되메우기 공사는 원칙적으로 30cm마다 다지면서 다짐밀도 95% 이상의 다짐을 해야 한다. 되메우기 작업 전에 방습지 깔기(폐 토와 기와 깔기)+참숯 깔기(5~10cm)+황토 깔기(5~10cm)+천일염 깔기(2~3cm)를 한 다음, 다시 생황토를 채워 넣고 다지기를 하면 수맥차단 효과와 함께 흰개미 등 해충 서식을 방지하면서 방바닥의 습기를 예방할 수 있다.

※ 참고 : 시공비가 문제이나 맥반석 가루, 게르마늄 가루 등을 넣으면, 더 큰 효과를 볼 수 있다. 구리판, 알루미늄판을 깔거나 동판 등을 깔면 수맥을 차단할 수 있다.

◆ 주의
건물 내에는 부득이한 경우를 제외하고는 배관설비가 지나가지 않도록 설계해야 하며 특히, 바닥으로 지나가는 것은 금해야 한다.

## 3 | 기초공사 시 병행 처리해야 할 공정들

상수·우수관 매입

미리 뚫어 놓은 개구부로 오수관설치

상수도 배관설치

### (1) 전기 인입 및 콘센트 바닥 배선
기초공사 시 전기계량기 설치함과 배전반 설치 위치에 따른 전기배선을 사전에 해야 한다. 전기배선은 바닥에 할 수도 있는데, 콘센트 및 통신, 유선 등 필요한 배선을 미리 결속하여 두면 방바닥 공사 시 이리저리 선을 피해야 하는 번거로움을 줄일 수 있다. 이때는 미리 전기공사 시공 도면을 확정해 두어야 한다.

### (2) 수도 인입 및 오·배수 배관공사
화장실이나 다용도실에 외부에서 수도관을 끌어들일 수 있는 배관을 해야 한다. 특히 겨울을 대비해 지표면에서 60cm 이상 묻히도록 동결선 원칙을 지켜야 한다. 오수 배관, 하수 배관의 위치는 벽체를 쌓고 나면 차이가 발생할 수 있기 때문에 근접한 부분에 배관작업만 미리 하도록 한다. 방바닥 면보다 약 20cm 정도 낮추어 공간을 구분해 두면 자유롭게 배관을 변경할 수 있다. 정화조 위치는 오수, 하수 배관과 가능한 근접한 장소에 설치해야 하자를 줄일 수 있다. 기초공사 시 정화조 옹벽공사를 병행하여, 정화조 설치와 배관공사를 동시에 끝내는 것이 두 번 작업을 피하는 일이다. 하지만, 보통은 외부 배관과 전기 작업을 마무리 공사로 진행하기도 한다.

# 6. 조적공사와 외부 문틀, 창틀공사

쌓기용 황토 반죽하기 / 포장된 황토

방문이 들어갈 자리에 미리 문틀을 짜서 세우고 벽돌쌓기를 한다.

## 1 | 조적공사 구조형태

기초공사를 완료한 후 벽체 조적과 문틀 공사를 한다.

## 2 | 조적공사 시공방법

벽체 조적을 위해서 우선 청소를 깨끗이 한다. 조적 벽체는 내력벽과 비내력벽으로 구분할 수 있다. 기둥이 따로 있어서 하중이 실리지 않는 벽체를 비내력벽, 기둥이 없는 건물의 벽체는 상부 하중을 받는 벽으로 내력벽이라 한다. 황토 흙집은 전체적으로 하중을 분산해서 받아야 하므로 내력벽으로 시공함을 원칙으로 한다.

### 벽돌쌓기 순서

01. 출입문이나 방문이 들어갈 자리에 미리 문틀을 짜서 세운다.
02. 벽돌쌓기 할 정확한 위치를 확인하여 바닥에 표시한다.
03. 벽돌을 쌓기 위해 현장에서 이용 가능한 자재로 수직 규준틀을 설치한다. 규준틀 대신에 수직으로 실을 설치하여 쌓기를 할 수도 있다.
04. 벽돌을 쌓아야 할 기초 면의 수평을 물수평기 혹은 레벨기를 이용하여 측정하고 된 흙 또는 흙벽돌을 사용하여 수평을 유지한다.

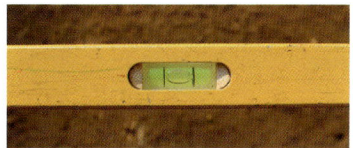

수평대. 수평뿐만 아니라 수직까지도 측정한다.

05. 벽체 모서리에 기준벽돌을 설치한다.
06. 기준벽돌 설치 후 길이 방향으로 수평실을 설치한 후 벽체의 길이 방향으로 벽돌을 쌓는다. 이때 벽돌과 벽돌 사이는 황토와 모래를 섞어 반죽하여 틈이 없게 정성껏 메워준다.

## 3 | 외부 문틀, 창틀공사

원주 판대리주택

흙벽돌 조적 시 먼저 문과 창의 개구부를 정확한 자리에 만들어 놓아야 한다. 보통은 본 문틀과 창틀을 바로 넣은 후 그것에 맞추어 흙벽돌을 쌓으나 공사 중 문틀, 창틀의 손상이 심하고, 흙벽과의 이음매 처리가 용이하지 못한 단점이 있다. 이를 대체하는 외부 문틀, 창틀을 설치하는 방법이 있다. 먼저 하단부를 쌓고 원래 문틀과 창틀보다 약 10mm 정도 크게 맞추어 짜 넣는다. 외부 창틀은 벽체가 30cm인 경우 두께 3치(9cm) 이상, 폭 8치(24cm) 이상 되는 건조목으로 짠 것이 좋다. 그래야 문틀의 변형을 막을 수 있다. 외부 문틀과 창틀은 외벽선에 맞추어야 미장마감 후 바깥 벽체가 깨끗하게 나온다. 이렇게 하면 외부 문틀, 창틀을 별도로 설치하지 않아도 되고, 다만 문 개구부의 상단에 무게가 실릴 수 있으므로 튼튼한 인방을 걸어주면 된다.

상주 구들흙집교육원

◆ 주의
01. 문틀, 창틀을 원목이나 두꺼운 목재를 사용할 때는 벽돌과 문틀이 닫는 부위에 반드시 홈파기를 한다.
02. 문틀, 창틀 조적 시에는 철못을 이용해 일정한 간격으로 고정하여 벽체와 문틀을 일체형으로 만든다.
03. 수직, 수평, 직각을 수시로 확인한다.

# 7. 처마도리 공사

01_ 군위 내의리주택
02_ 강화 테라롯지 아로니아
03, 04_ 문경 이젠하우스

## 1 | 구조형태

조적공사가 완료되면 벽체 상단에 도리 작업을 한다. 황토 흙집에서 도리의 역할은 보 및 천장 위의 황토, 지붕재의 하중을 분산하고 건물 전체의 기둥구조 역할을 하므로 매우 중요하다. 그러므로 도리 자재는 튼실한 것을 사용할 것을 권장한다.

## 2 | 시공방법

도리 자재가 준비되면 먼저 황토와 모래를 1:1로 되게 반죽하여 벽체 상단에 두껍게 올린다. 준비된 도리를 올린 후 수평을 맞추고 대못 또는 나무못으로 고정한다. 나무못을 사용할 때는 목재에 구멍을 미리 뚫은 다음 나무못을 박는다. 된 흙을 올리는 이유는 시공하면서 도리에 하중을 가하는 천장 자재, 서까래, 지붕재 등에 충격을 가하면 벽체의 울림과 충격을 완화하고 도리와 벽체가 일체가 되게 하기 위함이다.

# 8. 삼량, 오량, 귀접이 등 천장공사

삼량집. 여주 감고당

01_ 오량집. 해남 서정리주택
02_ 삼량집. 안동 병산서원
03_ 삼량집. 상주계정

좌_ 오량집. 경주 양동마을 / 우_ 오량집. 공주 한옥체험관

## 1 | 구조형태

한옥은 오량집 또는 삼량집이 대부분이다. 폭이 좁은 건물은 앞뒤의 처마도리 2개와 종도리(마룻대)로 구성된 삼량집이고, 폭이 넓은 집은 중도리 2개가 더하여진 오량집이다. 궁궐이나 절처럼 좀 더 폭이 넓은 집은 칠량집, 구량집으로 구성된다. 보통 우리 눈에 익은 대청마루의 대들보와 중도리, 종도리와 서까래가 보이는 집들은 대부분 오량집의 천장 형태이다. 현대에는 7자, 10자, 12자

01_ 강릉 활래정. 나무를 다룸에 장인의 솜씨가 보이는 우물 정(井)자의 우물천장으로 그대로 나뭇결을 볼 수 있게 했다.
02_ 경주 양동마을 향단. 천장을 만들지 않고 서까래가 그대로 노출되어 보이는 연등천장이다.
03_ 대전 동춘당. 천장까지 한지를 바른 종이반자이다.
04_ 강화 테라롯지 하늘나리. 모임지붕의 내부로 우산살 모양의 서까래가 노출된 연등천장이다.

간격의 기둥으로 구성된 짜임에서 알 수 있듯이, 집의 규모가 커지고 공간구성이 자유로워져 전형적인 가구구조에 많은 변화를 가져왔다. 하지만, 거실만은 현대인에게 편리한 공간으로 구성하면서 옛집의 대청마루와 같은 느낌을 살려보자는 바람에서 시작한 것이, 거실 천장을 오량구조 혹은 귀접이구조의 천장으로 만든 것이다. 곧 오량구조가 아니라 천장의 한 형태로서 오량천장, 귀접이천장으로 변형된 것이다. 또한, 집 전체의 구성도 ㅡ자형이나 ㄱ자형 또는 ㄷ자형의 단순한 구조가 아니라, 복잡한 아파트의 현대적 공간구성을 함으로써 지붕을 만드는 방식에도 많은 변화가 생겼다. 거실은 특별히 오량천장으로 구성하고 집 전체의 지붕선을 고려하여 덧지붕을 만드는 형태가 일반적이다. 곧 오량천장, 귀접이천장 등은 지붕의 구조방식이 아니라, 거실의 천장을 한옥의 대청마루처럼 디자인하는 오량천장 개념으로 별도 시공하거나 귀접이천장 등으로 연출하는 것이다.

원주 판대리주택

## 2 | 시공방법

### (1) 오량천장, 삼량천장

오량천장은 처마도리와 내부공간을 구획하는 보를 걸고 그 위에 종보를 걸어 2개를 짜맞춤한 다음 중도리와 종도리를 세우고 서까래를 걸면 된다. 삼량천장은 중도리가 없이 종도리를 세우고 서까래를 걸면 된다. 천장의 마감은 피죽이나 산죽에 흙을 치던 방식을 피하고 낙엽송 판재나 루버로 마감한다.

### (2) 귀접이천장

말 그대로 귀를 접어서 천장 구조를 만드는 방식이다. 우선은 귀가 걸릴 수 있는 곳을 선정하고 대들보를 짜서 맞춘다. 대들보를 기준으로 중보를 걸고 판재로 마감할 수도 있고, 전체를 두꺼운 목재로 마감할 수도 있다.

김제 금구면주택

문경 이젠하우스

# 9. 전기공사

집을 짓는 데 있어 전기공사는 '전기 인입공사', '내선공사', '외부 배선공사'로 구분할 수 있다. 전기 인입공사는 한전으로부터 전기를 공급받는 일을 말한다. 임시전기 신청이나 심야전기 신청, 계량기 신청 등이 이에 속한다. 전봇대로부터 전기 인입을 할 때 지상연결을 할지 지중매설을 할지, 계량기와 배전반의 위치는 어디로 할지 결정해야 한다. 내선공사는 집안의 전등과 스위치, 콘센트의 위치를 정하고 배선하는 일이다. 기초공사 시 바닥 배선, 지붕공사 시 처마등을 포함한 전등 설치를 위한 천장 배선, 그리고 내벽 미장공사 전에 콘센트·스위치 매립공사, 도배공사 후 스위치·콘센트 마감 등 공정별로 적절하게 공사를 공조해야 한다. 외부 배선공사라 함은 심야전기보일러 설치 시 지중매설 작업, 지하수 및 정화조 모터 가동을 위한 배선, 잔디등이나 가로등 설치를 위한 외부배선이 이에 속한다.

기본설계가 없으면 공간구성에 따른 전등 스위치 및 콘센트의 위치, TV 유선, 전화선의 배치, 화장실 및 외등, 현관 센서등, 처마등 등 시공자의 판단에 따라 임의로 시공할 수 밖에 없다. 특히 전기 인입선에 따른 계량기와 배전반의 위치, 지하수와 정화조, 가로등 등 외부배선의 제어장치 등이 사전 계획되지 않으면 전선의 외부노출이 불가피해진다. 착공 전 전기공사 도면을 1차 확정하고 건축주와 시공자의 협의를 통하여 공사 시 최종 수정하여 보완한다.

착공 전에 필요한 전기를 확보해야 한다. 주변에서 전기를 빌려 사용할 수 없는 상태라면 임시전기 신청을 착공 전에 미리 준비해야 한다. 지역별로 일주일에서 한 달 정도 걸리는 곳도 있기 때문에 사전 점검이 꼭 필요하다. 임시전기 신청 시에는 건축주의 주민등록증사본과 인감증명, 임시전력사용각서, 도장, 예치금 또는 보증증권이 필요하다. 이때 본 건축물의 계량기 신청도 함께하면 편리하다. 기존의 전봇대에서 거리가 200m 이내이면 기본요금 13,700원만 내면 되지만 200m가 넘으면 1m당 부가세 포함 48,400원을 더 내야 한다.

건축 공정별 전기공사가 필요한 시기와 주의할 점은 다음과 같다. 기초공사 시 전기 인입을 고려한 맨홀의 위치, 계량기, 배전반의 위치를 정하여 배선을 미리 한다. 외부배선(지하수, 정화조, 가로등 등)은 배전반의 안전차단기에서 따로 연결되도록 한다. 공사 도면에 근거하여 각 실의 벽에 콘센트, TV, 전화선 등에 입선할 수 있도록 전기배선 파이프를 미리 설치한다. 기초공사 시 기초 콘크리트를 치기 위한 배근 시에 철근에 고정하여 매설한다. 기초 및 벽체 공사 완료 후 콘크리트 바닥으로 배선하는 예도 있으나 이는 단열시공 시 전선 때문에 바닥 고정이 쉽지 않으므로 미리 배선하는 것이 좋다.

지붕공사 시 전등배선을 미리 해야 한다. 천장공사가 마무리되면 천장 위 보온공사를 하기 전에 전등배선을 미리 해야 한다. 별도의 천장공사를 하지 않고 귀접이 및 오량천장을 마무리하기 때문에 천장 위 보온 조치를 하기 전 각 공간의 전등 배선과 스위

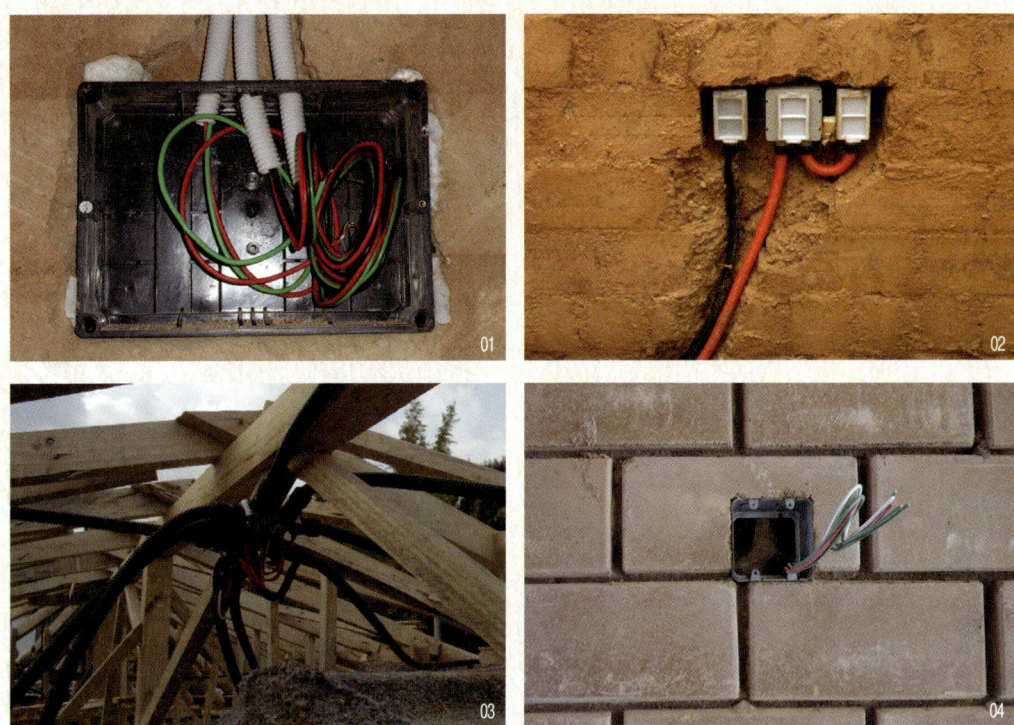

01_ 전기 분배박스 / 02_ 벽체 콘센트박스 / 03_ 천장 위 전기배선 / 04_ 벽체 전기배선

치 전선, 처마 등의 배선이 필요하다.

흙벽돌 조적공사가 끝나고 방의 천장공사 등이 시작되기 전에 콘센트 및 스위치 매립을 위한 전기 배관이 필요하다. 커팅기로 흙벽을 때 내고 전기 파이프를 못이나 고정 철물로 고정한다. 전등과 연결된 스위치 전기 파이프가 노출되지 않도록 도리와 흙벽 사이를 잘 처리해야 한다. 조적공사 시 화장실의 환풍구 설치를 위한 PVC(100mm)를 외벽 상단에 설치하고 환풍구와 연결한다. 화장실은 필요할 시 전등 교체를 쉽게 할 수 있도록 천장이 아닌 벽에 등을 설치하는 것이 좋고 세면기, 거울 위에 있는 것이 좋으므로 마감 규격을 사전 협의하여 위치를 정하면 된다. 천장 및 내장공사가 마무리되면 콘센트 및 스위치를 설치한다. 흙벽이기 때문에 고정이 쉽지 않을 수 있으므로 콘센트 및 스위치 BOX 고정을 잘해야 한다.

주방의 전기배선은 주방 기기의 사용에 따라 건축주와 미리 협의하여 시공하는 것이 좋다. 전기밥솥, 냉장고, 김치냉장고, 식기세척기, 건조기, 가스오브렌즈, 전기렌즈 등 사용기기의 배치에 따른 별도의 콘센트 배치가 필요하다. 단독주택에 밖의 출입 대문이 있으면 전기배치를 미리 고려해야 한다. 한 지붕 두 세대이거나, 층이 구분되어 있으면 인터폰을 설치하여 서로가 의사소통할 수 있도록 배려한다.

전체 건축공사가 어느 정도 정리되는 과정에서 외부정리 작업을 하게 된다. 이때 외부배선의 지중매설 작업을 병행한다. 지하수, 정화조, 가로등의 전기 공급을 위한 전기배선 파이프를 매설한다. 입선하지 않고 전기 파이프만을 먼저 설치하기 때문에 파이프가 꺾이거나 눌리면 입선이 어려우니 주의한다. 외부배선은 가능한 전기점검 맨홀을 통하여 연결하는데 이는 누전점검이나 교체를 쉽게 하기 위함이다.

한전에서 계량기를 타다 설치하고 안전점검을 받는다. 전기가 공급되면 안전차단기를 점검하고, 보일러도 가동해 보고 전등설치 공사와 함께 콘센트와 스위치 작동을 총 점검한다. 모든 전기공사는 될 수 있으면 전기전문 업체에 일임하는 것이 편리하고 하자를 줄일 수 있다.

# 10. 처마, 지붕 만들기

흙집 및 한옥은 처마가 전체 지붕의 멋을 살린다. 처마란 서까래가 기둥 밖으로 빠져나와 형성된 공간으로 처마의 깊이는 건물의 규모에 따라 다르지만 보통 기둥뿌리에서 처마 끝을 연결하는 내각이 28~33도 정도를 이루는 범위가 가장 무난하다. 처마를 깊이 빼는 이유는 흙벽을 보호하고 여름을 시원하게 나기 위함이다. 서까래만 가지고는 처마를 깊이 빼는 데 한계가 있으므로 서까래 끝에 부연이라는 짧은 서까래를 덧달아 내기도 한다. 서까래 하나로 만드는 처마를 홑처마라 하고 부연을 단 처마를 겹처마라 한다. 서까래는 보통 1자(30.3㎝) 간격으로 거는 것이 보통으로 너무 좁으면 답답하고 넓으면 허술해 보인다. 홑처마의 길이는 처마도리 끝에서 3자 정도로 하고 부연이 걸릴 때는 4자 정도로 한다.

## 1 | 지붕의 형태

지붕의 형태는 우진각지붕(모임지붕), 맞배지붕(박공지붕), 팔작지붕(합각지붕)이 있다. 우진각지붕은 네 면에 모두 지붕면이 만들어진 형태이다. 전·후면에서 보면 사다리꼴 모양이고 양 측면에서 보면 삼각형의 지붕형태로 용마루와 추녀마루만 있고 내림마루가 없는 지붕형태이다. 초가집은 대부분이 우진각지붕 형태이다. 맞배지붕은 건물의 앞뒤에서만 지붕면이 보이고 용마루와 내림마루로만 구성되어 있으며 책을 엎어놓은 것과 같은 지붕형태로 추녀라는 부재가 없는 것이 특징이다. 팔작지붕(합각지붕)은 우진각지붕에 맞배지붕을 올려놓은 것과 같은 지붕이다. 측면에도 지붕이 만들어지기는 하지만 우진각지붕처럼 삼각형 끝점까지 기와가 올라가는 것이 아니고 작은 박공(맞배지붕이나

01_ 팔작지붕. 김천 직지사 장경각
02_ 팔작지붕. 무안 약실마을 박석문씨댁
03_ 팔작지붕. 논산 윤황고택
04_ 팔작지붕. 동해 해암정

맞배지붕. 봉화 닭실마을 청암정 / 맞배지붕. 계룡 두계 은농재

팔작지붕의 합각 부분에 팔(八)자 모양으로 걸린 부재)이 만들어지는 지붕형태이다. 전·후면에서 보면 갓을 쓴 것과 같은 형태이고 측면에서는 사다리꼴 위에 맞배지붕의 측면 박공을 올려놓은 것과 같은 형태이다.

우진각지붕. 산청 남사마을

우진각지붕. 봉화 만산고택

추녀. 김천 직지사 장경각

추녀. 안동 하회마을 심원정사

추녀는 건물 모서리에 45도 방향으로 걸리는 방형 단면의 부재이다. 지붕을 만들 때 가장 먼저 거는 것이 추녀다. 추녀는 맞배지붕에는 생기지 않는다. 추녀의 안쪽 끝은 중도리 모서리에 올라앉으며 주심도리가 지렛대 역할을 해서 균형을 잡는다. 보통 처마(서까래)보다 2~4치(6~12cm) 정도 더 빼는 것이 일반적이다. 추녀는 보통 폭이 7치(21cm), 높이가 1자(30cm)인 목재로 역사다리 꼴로 다듬고 추녀 말구는 직각으로 자르지 않고 약간 빗자른다. 이는 서까래도 마찬가지인데 건물을 올려다볼 때 옆으로 퍼지는 착시 현상을 교정하기 위함이다. 겹처마일 경우 부연 길이만 한 짧은 추녀가 하나 더 올라가는데 이것을 사래라고 한다. 추녀를 걸고 나면 추녀와 추녀를 평고대로 연결한다. 지붕의 처마 곡선은 입면 상에서 볼 때 중앙에서 양쪽으로 갈수록 들어 올라가는 곡선인데 이를 처마의 앙곡이라 부른다.

평고대를 걸고 나면 그 곡선에 맞추어 서까래를 건다. 서까래는 처마와 지붕을 만드는 가장 중요한 부재이다. 육송이나 낙엽송을 치목하여 다듬은 후 사용하기도 하고 산림조합에서 원형으로 가공한 낙엽송 원형 서까래를 사용하기도 한다. 거실의 오량천장은 중도리와 마룻대(종도리)로 별도의 오량을 짜고 서까래로 모양을 내는데 모퉁이 부분에서 부챗살처럼 방사선으로 서까래가 걸리는 것을 선자연이라 부른다. 이때 건물 전체적으로 중도리를 세우고 서까래를 고정하는 방식이 가장 무난하다. 보통은 처마로 나가는 부분만 원형 서까래를 사용하고 안에서 보이지 않는 곳은 일반 각재로 지붕을 구성한다.

서까래(또는 부연)를 걸면 그 사이가 뚫려있는데 그곳을 막기 위해 사용하는 가는 판재를 개판이라 한다. 개판을 깔지 않을 때는 싸리나무나 옥수숫대, 잔가지 등을 엮고 진흙을 반죽하여 까는데 이것을 '산자를 엮는다.'라고 한다. 이곳을 바로 앙벽이라 하며 앙벽은 진흙이나 회바름으로 발라 마감한다. 개판은 서까래에 못을 박아 고정하는데 반드시 한쪽만 못질해야 한다. 양쪽에 모두 못을 박으면 개판의 신축에 대응하지 못해 갈라짐 현상이 발생할 수 있다. 낙엽송 판재나 루버를 사용하는 예도 많다. 서까래와 서까래 사이의 틈을 진흙으로 메우는 데 이를 당골막이(단골메기)라고 한다. 단골처럼 들락날락하는 쥐의 출입을 막는다는 의미에서 유래되었다고 한다. 당골막이를 하는 진흙은 보통 차진 진흙에 마사토 또는 모래와 천일염을 생석회와 섞어 사용한다. 흙이 부스러지는 것을 방지하고 곤충이 흙을 파고들어 집을 짓는 것을 막기 위함이다. 부연과 부연 사이는 판재로 막는데 이를 착고판(또는 착고막이)이라 한다.

지붕의 천장 단열은 천장 위에 1차로 신문지, 화선지, 광목 등으로 틈새를 막고, 왕겨나 톱밥 등을 약 20cm 정도 올린 다음 황토를 20cm가량 덧씌우고 그 위에 천일염과 모래, 생석회를 5cm 올려 마감한다. 이와 같은 과정으로 시공한다면 사계절 덥지도 춥지도 않은 완전하고 쾌적한 실내를 만들 수 있다. 천일염과 모래를 올리는 이유는 황토가 건조되어 생긴 틈을 모래가 채워주고 동시에 해충의 서식을 막기 위함이다.

전체 지붕의 모양을 살펴보면, 한옥의 전통방법은 적심을 채워 강회다짐으로 지붕 형태를 만들지만, 현대한옥에서는 중도리에 지붕선을 고려한 받침목을 고이고 각재로 덧지붕을 만든다. 현장에서 일반적으로 2×4(12자×1.5치×3치 각재)라고 부르는 부재로 1자 간격으로 상을 걸어 전체 지붕의 모양을 만든다. 전통한옥에서는 덧지붕이란 표현이 없다. 현대에는 다양한 평면구성

처마. 문경 이젠하우스

처마. 안동 하회마을 심원정사

처마. 강화 테라롯지 하늘나리

에 따라 지붕 모양을 맞추어야 하기 때문에 한옥 목수일 중에 가장 어려워하는 일이 바로 지붕 모양을 만드는 일이 되었다. 처마를 만든 후 전체적인 지붕 모양을 다시 만든다 하여 덧지붕이라 부르게 된 것이다.

맞배지붕이나 우진각지붕, 현대식 박공지붕에서는 물매를 직선으로 하지만 팔작지붕에 기와 마감일 경우 지붕의 물매를 직선으로 하지 않고 곡선으로 처리한다. 그 이유는 추녀에서 비롯되는 처마의 앙곡과 안허리곡에서 이루어지는 자연스러움을 주기 위함이다. 다른 이유는 빗물의 흐름을 빨리 배수하기 위한 장치이기도 하다. 빗물의 양이 적은 용마루 부분에서는 물이 빠르게 내려가게 하고, 빗물이 많은 추녀 부분에서는 조금 속도를 줄여 기와의 마모를 비슷하게 하려는 과학적 의도도 있다 하겠다.

맞배지붕이나 팔작지붕의 박공이 만들어지는 부분에는 부연과 같이 생겼으나 부연보다 훨씬 짧은 서까래가 걸리는데 이것을 목기연이라 한다. 박공판에 목기연과 목기연개판까지 시공하였다면 전체 덧지붕 위로 판재 혹은 방수합판을 덮는다. 옛집은 서까래 위로 산자를 엮고 흙을 친 후 기와를 얹었으나 단열 및 방수를 고려한 현대적 시공에서는 판재나 합판으로 전체적인 지붕을 마감한 후 그 위에 방수시트를 깔고 지붕재를 마감재로 사용한다. 옛집은 기와가 방수 및 단열 기능을 모두 담당하였으나 현대에는 지붕 마감재의 역할만 할 뿐이다. 그래서 초가, 아스팔트 슁글, 금속기와, 너와(적삼목 너와, 참나무 너와 등), 기와(토기와, 개량 한식기와, 수입기와) 등 다양한 소재의 결합이 가능하다.

# 11. 지붕공사

## 1 | 기와이기 방법

산청 단계마을

01_ 해남 구림리주택 / 02_ 운현궁

지붕의 마감재는 방수와 단열이라는 기능보다는 전체 집 모양을 결정하는 치장의 역할로 변모했다. 단열(지붕과 천장 내부에서의 단열)과 방수(방수시트 시공)가 별도 처리되어 지붕의 마감재는 그만큼 선택의 폭이 넓어진 것이다. 옛 살림집의 민가는 초가집이나 너와집 형태이고 양

반집은 기와집이었던 소재의 한계를 극복하면서 현대의 흙집으로 다양화할 수 있는 근거가 만들어진 것이다. 흙집은 초가지붕이 가장 어울리지만, 관리가 힘들고 작업에 어려움이 많아서 기와를 선호하게 되었다. 옛집의 기와는 점토를 불에 구워 만들어 방수를 겸한 마감재였다. 지붕 바닥면에 깔리는 암키와와 암키와 사이에 흙을 채워 수키와로 마감하였다. 수키와는 암키와 위로 올라가는 기와로 길이는 암키와와 같으나 폭은 반 정도밖에 안 되는 반원형 단면의 기와이다. 기와는 처마 끝에서 용마루 쪽으로 이어간다. 현대에도 전통적인 한옥은 이와 같은 토기와를 사용하나 치장재의 기능을 강화시킨 한식형 시멘트가압기와(암·수키와가 하나로 만들어져 못으로 고정하는 개량기와)가 저렴한 가격으로 공급되고 있다. 개량 한식기와는 바닥기와(암수 하나로 된 기와), 처마기와, 용마루를 만드는 착고, 부고, 암마루장, 숫마루장으로 구성된다. 용마루 양쪽 끝이나 추녀마루 끝에는 장식기와로 망와를 사용한다. 지붕 판재 혹은 합판 위에 방수시트를 깔고 기와걸이 상(나무 각재)을 고정한 후 못으로 기와를 고정한다. 가격이 저렴하고 수명이 오래가는 아연기와를 시공해도 무방하다. 개선된 아연기와는 제품의 기능성이 좋고 시공도 간편하며 가격도 저렴하지만, 천장 위의 단열이 완벽하지 않으면 바람에 흔들리는 소음으로 생활에 어려움을 겪을 수 있으므로 단열에 세심한 시공이 필요하다.

◆ 주의
기와지붕 이기는 전문와공(기와 이는 기술자)에게 맡겨서 이어야 하자가 발생하지 않는다. 기와이기는 자재비와 인건비 포함하여 평당 약 15~22만 원 가량 소요된다. 단, 지붕평수로 계산해야 하며 지붕평수는 처마가 내민 길이에 따라 평면 평수의 약 1.8~2배로 계산한다.

## 2 | 너와를 이는 방법

너와지붕은 강원도 산간에서 많이 보이던 지붕형태로 지붕에 기와나 이엉 대신에 얇고 넓은 판재로 이은 지붕을 말한다. 너와는

01_ 청석집(돌너와집). 아산 외암리마을
02_ 청석(돌너와). 남양주시 조안면주택
03_ 굴피집. 삼척 신기 정상흥가옥
04_ 굴피. 삼척 대이리 굴피집

너와집. 삼척 신리 김진호가옥

질이 좋은 소나무나 참나무를 길이 60cm, 너비 30cm, 두께 3cm 정도가 되도록 도끼 등으로 쪼개서 만든 작은 널판을 쓴다. 이것을 방수시트 위에 기와를 이는 방법과 같이 아래에서부터 차례로 고기비늘처럼 못을 박아 가면서 덮어 올라가면 된다. 적삼목은 너와보다는 얇고 정교하게 가공된 널판을 말하며, 시공하는 방법은 너와 하고 같으나 접착제를 사용해 덮는 점이 다르다.

토속성을 중요시하는 살림집이나 음식점 등에서 너와지붕을 선호한다. 너와 중에는 송판으로 만든 것 외에 검은색 점판암 계열의 천연 너와도 있는데 돌너와(돌기와)라고 한다.

◆ 주의
너와지붕과 굴피지붕 등은 환경이 열악한 산간지역에서 많이 사용하던 지붕재이다. 너와와 굴피가 지붕재로 우수해서 사용하였다기보다는 선택의 폭이 없어 사용할 수밖에 없었기 때문이다. 현재에 너와나 굴피를 지붕으로 사용하기는 부적당하다고 판단된다. 그 이유는 비가 새기 쉽고 그것을 방지하기 위해 밑에 방수시트 등을 사용한다면 부재가 썩을 확률이 높고, 곤충과 벌 등 해충의 서식처를 만들기 때문이다.

### 3 | 초가를 이는 방법

서민의 살림집에서 흔히 사용했던 초가지붕은 추수 후 볏짚이나 억새 등으로 이엉을 엮어 잇는 지붕을 가리키며, 잇는 방법은 비늘이엉법과 사슬이엉법 두 가지가 있다. 비늘이엉법은 그 모양이 물고기의 비늘과 닮았다 하여 붙여진 이름으로 맞배집 등에 주로 사용한다. 비늘이엉법은 볏짚보다는 대개 억새를 베어다가 뿌리 쪽을 한 뼘 정도 밖으로 내어서 엮는 방법으로 길게 엮은 이엉을 뿌리 쪽이 밑으로 가게 해 추녀 끝에서부터 지붕 앞뒤를 덮는다. 그러나 비늘이엉법은 지붕의 물매가 크지 않으면 빗물이 잘 흐르지 않는 단점과 한번 이으면 수명이 10년 이상 유지되는 장점을 가지고 있다.

볏짚을 이용한 사슬이엉법은 짚 뿌리 쪽이 밖으로 나오지 않도록 덮는 방법으로 볏짚을 일정한 양으로 엮은 수십 장의 마름을 올린 후 멍석을 펴듯이 펴 가면서 덮는 방법이다. 이엉은 처마 끝 부분에만 뿌리 쪽이 밑으로 가도록 깔고 그 다음부터는 이와 반대로 사방으로 덮어 올라가면 된다. 이엉 덮기가 끝나면 이엉이 바람에 날리지 않도록 새끼줄로 지붕을 매는데 이것을 "고삿매기"라고 한다. 고삿매기를 할 때 이엉 밑으로 들어가는 고삿을 "속고삿" 밖으로 드러나는 고삿을 "겉고삿" 이라 부른다. 고삿매기는 먼저 지붕의 가로(긴 쪽)로 여러 가닥의 새끼줄을 치는데 이것을 장매(누른새끼)라고 한다.

초가지붕 철거. 순천 낙안읍성

장매를 치고 나면 세로(짧은 쪽)로 3~5가닥의 짧은 매를 쳐서 장매가 움직이지 않도록 얽어 묶는다. 그리고 처마 끝 부분이 바람에 날아가는 것을 막기 위해 긴 눌림대(장대)를 올리고 지붕을 뚫어 새끼를 끼워서 서까래에 고정해 묶는다. 마지막으로 처마 끝 부분으로 내려온 이엉 끝자락을 가지런히 잘라내면 지붕이기가 끝난다. 마지막으로 용마름을 올린다.

01_ 초가집. 순천 낙안읍성
02_ 용마름 엮기. 순천 낙안읍성
03_ 초가이기. 순천 낙안읍성
04_ 초가집. 예천 삼강주막

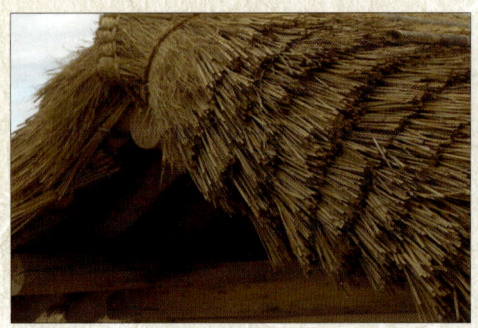 

갈대지붕. 김해 삼방동주택 / 갈대지붕. 경주 김헌용가옥

### 4 | 쉬글을 이는 방법

친환경 소재는 아니지만, 황토색이 나는 아스팔트 쉬글로 지붕을 이으면 우선 가격이 저렴하면서도 자연스럽고, 지붕의 모양이 깔끔하게 마감되므로 많이 시공한다. 아스팔트 쉬글을 시공할 때에는 한 장씩 정성껏 시공해야 한다. 잘못하면 하자가 발생해 붙여놓은 쉬글이 들고 일어날 수 있기 때문이다. 쉬글 시공 역시 전문가에게 맡기는 것이 무난하다.

## 12. 황토미장 공사

### 1 | 구조형태

황토미장 공사는 다양한 재료를 활용하여 초벌바름 및 고름질을 하여 마무리하는 공사이다. 바름 순서는 보통 벽체 위에서 아래쪽으로 바름을 마무리하고 나서 바닥 미장을 한다. 특히 화장실의 바닥 바름은 물 흐름의 물매에 주의하여 시공한다. 미장 재료의 종류 및 첨가재료는 모래, 밀가루, 찹쌀, 우뭇가사리, 해초풀, 유근피(느릅나무), 닥나무, 사골(소뼈), 양사, 쇠사, 수세미, 볏짚, 삼 등이 있다.

회벽 정벌 바르기 / 토벽 정벌 바르기

벽체 초벌바름 / 벽체 정벌바름

## 2 | 시공방법

황토 바름은 보통 초벌, 재벌, 정벌바름으로 구분하여 시공한다. 바탕처리는 벽돌 면의 바탕처리를 먼저 하고 흙벽돌과 외부 창틀, 외부 창틀과 목창과의 접합 부위 순으로 하게 된다. 이들 공간은 황토를 차지게 개어 미리 사춤하고 초벌바름을 하는데, 특히 전기 콘센트나 화장실의 수도 배선 등 벽체를 따고 배관과 배선한 경우 이탈되지 않도록 고정에 유의한다. 흙벽돌 벽에 그대로 미장마감을 하면 접착이 잘되지 않고 이탈하는 경우가 많다. 이점에 유의해서 초벌바름 시 바름은 틈새를 남기지 않도록 흙손으로 충분히 눌러준 후 초벌바름이 끝난 직후 쇠빗 등으로 거친 눈을 만들고 완전히 건조되면 재벌바름을 실시한다. 정벌바름은 재벌바름의 물이 빠진 정도를 보아 면, 모서리 등에 주의하여 쇠흙손 자국이 없도록 평활하게 발라 마무리한다.

황토로만 내벽을 바르면 가뭄에 논바닥이 갈라지듯 실금으로 터지고 갈라지는 현상이 생긴다. 예전에는 흙벽돌을 구워 가루를 낸 후 찹쌀 풀을 쑤어 섞어서 발랐다고 한다. 황토에 맥반석 가루나 흙 운모(게르마늄) 등 돌가루 성분을 첨가하는 것은 황토 성질을 해치지 않고 강도를 높여주면서도 약돌이 가지고 있는 좋은 기능을 발휘할 수 있다. 황토 미장할 때 우뭇가사리를 끓인 물로 혼합하여 사용하기도 한다. 직접 황토몰탈을 만들어 사용하는 경우 황토를 곱게 쳐서 가루를 만들고 채로 친 고운 모래와 1:3 정도의 비율로 배합해 바르면 하자를 줄일 수 있다. 황토의 성질이 아주 차진 흙인가, 약간의 마사가 섞여 있는 흙인가에 따라 다르다. 만져 보았을 때 질지도 되지도 않은 정도의 반죽 상태가 가장 좋다. 벽체의 상태에 따라 다르기는 하지만, 보통 1.5~2cm 정도로 미장한다. 문제는 창틀 몰딩과 천장 몰딩의 시공 상태가 미장 두께를 결정짓게 된다는 점이다. 몰딩 선이 약간 덮일 정도의 마감 선이 나와야 도배를 했을 때 마감이 깔끔하게 되기 때문이다.

바닥 정벌바름

# 13. 방수공사

## 1 | 구조형태

흙벽은 물에 취약하므로 화장실 등 물을 쓰는 공간은 칸막이 흙벽 화장실 안쪽에 철망 등으로 보강하고 시멘트모르타르를 이용해서 초벌바름 후 방수를 하거나 시멘트벽돌로 조적하여 방수벽을 만들어야 한다. 또한, 세면기, 양변기, 욕조 등 설비 배관과 비데 및 드라이기 사용을 위한 콘센트 등 전기 배선이 모두 이루어져야 한다.

## 2 | 시공방법

몰다인 등 방수액을 충분히 섞은 시멘트 몰탈로 방수 미장한다. 물이 직접 닿는 높이인 세면대 높이 정도까지 방수 미장을 하고, 벽 전체를 타일로 마감하면 방수에 문제가 없다 하여 이와 같이 방수마감 하는 경향이 있다. 하지만, 타일과 타일사이 백시멘트 줄눈이 이탈하기도 하여 화장실 물청소 때 물이 벽을 타고 내려갈수 있다. 화장실 벽 전체를 방수하는 것이 안전하다. 타일시공을 압착으로 할 경우는 벽 전체를 미장하는 것이 일반적이다. 하지만, 벽의 수직 수평을 맞추기가 쉽지 않아 압착으로 할 경우 모서리가 직각으로 되지 않는 경우가 있다. 모양을 고려하여 타일 뒤에 몰탈 밥을 붙여 시공하는 방식(떠발이)으로 하되, 벽면은 모두 방수 미장하는 방식이 하자를 줄이고 모양을 살리는 방법이다. 벽의 방수와 동시에 화장실 바닥의 방수도 함께 한다. 시멘트 몰탈 액체 방수라고 통칭하는데 보통 2~3번 정도 해주어야 완벽하다 할 수 있다.

복층구조의 흙집 지붕에 방수시트 깔기

01_ 벽체 방수 / 02_ 바닥 방수 / 03_ 방수시트

# 14. 타일공사

## 1 | 구조형태

타일공사는 화장실의 바닥과 벽체에 한다. 타일은 실내에 물을 자주 사용하는 장소에 시공하므로 먼저 타일을 시공하기 전에 바닥과 벽체에 방수공사를 해야 한다. 건물의 보호를 목적으로 하므로 치수를 정확히 할당하고 평탄하게 하며, 줄눈이 틀리지 않고 탈락이 없도록 시공한다.

## 2 | 시공방법

타일시공 전에 하는 방수시공은 시멘트 액체방수공법이 있다. 시멘트 액체방수는 2차례 방수하여 2번 방수층을 형성하는 시공으로 방수층이 완전히 건조된 다음 벽체 타일부터 붙이기 시작한다. 바탕 바름의 뜸, 균열 등을 검사하여 불량한 곳은 보수한 후 실시한다.

> 압착붙임공법으로 타일 붙이기 전에 점검할 사항
>
> 01. 바탕이 고루 편평할 것
> 02. 붙이기 두께가 적당할 것
> 03. 바탕 면을 적당히 거칠게 해 둘 것
> 04. 몰탈 찌꺼기, 먼지 등이 없도록 할 것

강화 테라롯지 아로니아. 완성된 욕실 내부 / 남해 황토주택. 완성된 욕실 내부

압착붙임공법에는 지정 접착시멘트를 혼합, 비빔 한후 빗살 모양의 평평한 흙손으로 요철을 만든다. 일반적으로 붙이기는 원칙적으로 상부에서 하부 쪽으로 붙여 내려간다. 혼합비빔 양은 1시간 이내의 사용량으로 1회의 도포 면적을 2㎡로 하고 기상조건 등에 따라 적당히 조절한다. 수분의 흡수가 빠른 바탕에서는 물을 뿌린 다음 시공한다. 바르기에는 미장 흙손으로 3~5mm 두께로 펴서 바르고 빗살이 붙은 흙손으로 긁어낸다. 붙이기는 타일을 비벼대는 것처럼 눌러 붙이고, 나무망치나 고무망치로 가볍게 두드려 계획된 위치에 붙인다. 1회의 도포, 붙이기 면적은 2㎡ 이내로 한꺼번에 넓은 면적에 펴 발라 접착 불량이 되지 않도록 한다. 타일은 치장줄눈을 채움으로써 일체로 연결되고 타일 면을 더욱 견고하게 하는 동시에 방수성과 미관을 좋게 한다. 타일의 치장줄눈은 백시멘트로 줄눈을 메운 후 젖은 스펀지로 깨끗이 닦아낸다. 치장줄눈 채우기가 끝나고 6~8시간 이상 지난 후 줄눈 모르타르가 충분히 경화한 것을 보고 마지막 마무리로 물 씻기를 한다. 타일청소가 끝나면 타일 면을 톱밥 등으로 덮어 잘 경화되도록 보양한다.

# 15. 설비공사

## 1 | 구조형태

단독주택의 설비공사는 수도 인입 및 배관공사, 오수·하수 배관공사, 정화조 설치공사, 난방배관 및 보일러설치공사로 나뉜다. 착공 전 설비공사 도면을 확인하고 배치도 상에 지하수와 수도 및 오수·하수 계통도에 관한 파악이 이루어져야 다른 공정과의 연계성 있는 시공을 할 수 있다.

## 2 | 시공방법

### (1) 수도 배관공사

외부수도 배관은 20mm~25mm 정도의 엑셀 관으로 배관하는 것이 수축 팽창이 적어 동파의 염려가 가장 적다. 기초공사 시 화장실, 주방, 다용도실 등 물 쓰는 공간으로 수도 인입선을 미리 설치해야 하며, 기초 콘크리트 하단부로 인입하여 동파에 대비한다. 특히 겨울철에 모터 관리는 세심한 주의가 필요하고, 연결부위에 보온재로 보강해 주어야 한다. 흙벽돌 조적공사가 완료되고 방수공사를 하기 전에 수도배관 공사를 해야 한다. 과거에는 스테인리스, 동 파이프 등으로 배관하였으나 현재에는 PPC(황색)관, 혹은 조립 및 하자가 적은 PE(롤로 된 것)를 사용한다.

01, 02, 03_ 수도·하수 배관공사

오수·하수 배관을 연결하고 있다.

### (2) 오수·하수 배관공사

오수관은 100mm, 하수관은 75mm PVC 관으로 배관하는 것이 보통이다. 기초공사 시 배관을 도면에 의해 제 위치에 설치하는 것이 좋으나, 설계변경으로 배관의 위치가 바뀔 수 있기 때문에 중심배관만 설치한 상태로 마감상태를 보아가며 최종 배관하는 것이 두 번 일하는 번거로움을 피할 수 있다. 단, 물을 사용하는 공간은 콘크리트 타설을 하지 않고 약 20~30cm 바닥면을 낮추어 최종배관 공사를 자유롭게 할 수 있게 한다. 바닥의 하수 배관은 세면기 한쪽 옆으로 배치하거나 벽 쪽에 붙여서 화장실 사용 시 불편함이 없도록 한다.

### (3) 외부배관 및 정화조 설치공사

정화조는 대부분 지자체가 정화조 수질을 20ppm 이하로 낮추는 오수합병정화조 설치를 의무화하고 있어 건물의 규모에 따라 5인용, 10인용 등의 오수 합병정화조를 설치하면 된다. 단, 상업시설 등은 그 규정이 달라진다. 정화조 설치 시 옹벽공사를 의무화하는 지자체도 있으므로 해당 관청에 확인해야 한다.

일반정화조 설치 시에는 하수는 개천으로 방류하고 오수만을 정화조를 통해 배출하던 방식에서는 정화조 냄새가 문제가 되지 않았으나, 오수 합병정화조일 경우 오수와 하수가 정화조에 모두 연결되기 때문에 정화조 냄새가 하수관을 통해 실내로 침투하게 되므로 정화조 앞에 하수 맨홀을 설치하거나, 하수배관 시 U트랩이나 P트랩을 설치하여 냄새가 침투하지 않도록 보완한다.

### (4) 난방배관과 보일러설치공사

가스보일러는 설치장소가 적게 드는 장점이 있지만, 시골에서는 도시가스가 아니고 LPG가스이기 때문에 연료비의 부담이 큰 단점이 있다. 기름보일러는 최소 0.5평 이상의 면적이 필요하다. 기름통은 대체로 3드럼 이상을 사용하는 것이 좋으며, 환기구멍을 하나 내야 한다. 난방의 효율을 위하여 보일러실의 위치와 분배기

01_ 정화조 설치용 기초 터파기 / 02_ 정화조 설치 및 배관 / 03_ 정화조 마감

의 위치를 미리 정하고 건물의 크기 및 공간에 따라 분배구의 수를 결정한다. 보통 분배기는 싱크대 하단부나 다용도실, 화장실 등에 설치하는 것이 가장 무난하다. 그래야 공기 빼기 작업을 할 수 있다. 난방배관은 보통 13~15mm XL파이프를 사용한다. XL파이프를 중간에 연결하지 않는 것이 하자의 원인을 줄인다. 각 공간을 하나의 엑셀로 분배기에 연결하고, 거실이 크면 두 개의 엑셀로 분배기에 연결한다.

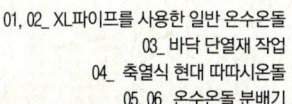

01, 02_ XL파이프를 사용한 일반 온수온돌
03_ 바닥 단열재 작업
04_ 축열식 현대 따따시온돌
05, 06_ 온수온돌 분배기

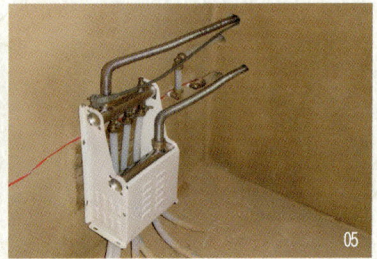

### (5) 외부 수도공사

전원에 살려면 텃밭에 물을 주거나 조경수나 과실수 관리에도 외부수도가 필요하다. 마당가에 하수구를 설치하고 수도를 연결하고, 텃밭과 가까운 곳에도 농작물 관리용 수도를 연결해 놓는 것이 좋다. 외부수도는 겨울 동파에 대비한 관리가 중요하다. 겨울에는 수도꼭지를 열어두고 잠금장치를 잠가 놓아 팽창하여 배관이 터지는 것을 예방해야 한다.

수도계량기

# 16. 창호공사

## 1 | 구조형태

창은 환기와 전망을 위한 것이며, 문은 가족의 사생활을 보호하고 가족의 공동공간으로의 이동이 원활하게 하는 시설이다. 집 밖에서 볼 때도 창은 사람의 얼굴과 같은 의미가 있다. 문 및 창호의 설치는 다림추를 통해 문과 창의 수직을 확인하면서 하단부에 쐐기를 사용하여 튼튼히 고정한다.

## 2 | 시공방법

흙벽돌 조적공사 때 이미 외부 창틀을 넣은 상태이므로, 외부 창틀에 맞추어 고정하면 된다. 외부 창틀과 본 창틀 사이의 틈새는 우레탄폼이나 실리콘 등으로 꼼꼼히 밀폐시켜야 단열기능이 저하되지 않는다.

창호 외부틀 / 원목 도어

01, 03_ 단열을 3중으로 처리한 시스템창호 / 02_ 3중 목창호 / 04, 05_ 창과 거실 시스템창호

# 17. 구들공사

'온돌, 세계를 덥히다.'라는 KBS스페셜 방송화면

난방연료가 장작이었던 지난날 구들방은 주거의 일반적인 난방 형태였다. 현대병으로 일컬어지는 많은 병이 주거양식과 음식으로 인해 늘어나고 있는 것이 현실이다. 이런 이유 때문에 황토집이나 황토 구들방을 선호하는 추세이다. 시골에 내려와 전원주택을 짓고 살려는 사람들이나 시골에 있는 분들도 작게나마 구들방 한 칸을 들였으면 하는 바람이 있지만 어떻게 접근해야 할지 모르는 경우가 태반이다. 규모가 작아서 선뜻 시공에 나서는 업체도 드물다. 주변에서 구들을 놓아보신 어른들은 이미 귀한 존재가 되었다. 조금은 까다롭지만 내 손으로 직접 지어 볼 수는 없을까 고민하는 분들을 위해 내 손으로 짓는 황토 구들방 시공과정을 소개한다.

## 1 | 구들방 규모와 자재

### (1) 구들방 규모
본체가 지어진 터의 한 가장자리 여유로운 곳에 터를 정한다. 여기서는 3.6m×4.5m(약 5평)를 기준으로 한다.

### (2) 구들방 자재
현무암 40cm×60cm 크기의 구들장 약 70장, 잔돌, 점토벽돌 2,000~2,500장, 모래, 자갈, 진흙(선별된 흙이면 좋다), 굴뚝 자재(토관 또는 스테인리스 직관+치장 벽돌)

01_ 현무암 구들돌
02_ 자연석
03_ 순황토
04, 06_ 아궁이 불문
05_ 아궁이 불문과 가마솥

점토벽돌 / 가마솥

## 2 | 기초공사

기초공사는 줄기초 방식으로 한다. 그래야 아궁이 및 굴뚝 자리를 미리 만들어 놓기가 쉽기 때문이다. 일단은 터파기를 폭 30~60cm, 깊이 150cm 정도를 파서 잔돌 및 혼합석 30cm를 넣어 다짐하고, 버림콘크리트를 친다. 그 위에 철근콘크리트 혹은 자연석 기초를 약 120cm 높이로 한다. 기초는 지상으로 올라온 부분이 최소 60cm~90cm는 돼야 습기에 안전할 수 있다. 미리 구들을 설계하여 기초공사 시 반영해야 하고 설계에 맞게 아궁이 위치와 굴뚝 위치는 미리 규격(가로 60cm×세로 90cm)을 정해 개구부를 뚫어 놓아야 한다.

양평 동오리주택

## 3 | 구들방 공사

### (1) 고래켜기

#### 01. 방고래의 종류
방고래(구들고래) 켜기에서 불아궁이와 굴뚝의 위치 및 고래의 형식, 치수 등을 정하여 시공한다. 방고래의 종류는 여러 형태가 있으나 줄고래 방식으로 한다.

#### 02. 고래켜기 준비
가. 바닥 다지기

불아궁이자리, 고래, 개자리, 연도 및 굴뚝의 밑바닥은 소정의 깊이로 파내거나 돋우어 화기나 연기의 흐름이 좋게 경사면을 만들고 잘 다진다. 구들 밑바닥이 땅바닥일 때에는 파내기, 돋우기 또는 메우기를 한 곳은 반드시 달고

안산 스포랜드

(집터를 단단하게 다지는 데 쓰는 기구)나 적당한 기구로 다져 땅바닥을 견고하게 하여 구들 축조에 지장이 없게 한다.

나. 재료 종별

고래켜기에 있어 시근담, 고래둑, 개자리 및 아궁이후령이 쌓기의 재료는 점토벽돌로 한다.

◈ 주의 : 직접 높은 열을 받는 아궁이후령이와 장시간 화기에 닿는 부분은 특히 주의하여 시공한다.

공주 한옥마을. 고래바닥 다짐

## 03. 고막이벽

### 가. 고막이벽 쌓기

#### ㄱ. 한식목구조 고막이벽

고막이벽은 현대건축물의 콘크리트 기초에는 적용하지 않으나 한식목구조주택의 토대 또는 하인방 하부의 접지 부분에는 고막이벽 쌓기를 한다. 고막이벽 기초의 깊이는, 방고래 밑바닥 또는 지반보다 30cm 이상 깊게 한다. 아궁이

01_ 성주 고산리 백세각 / 02_ 상주 양진당

후렁이, 방고래, 불목, 개자리 및 연도, 굴뚝개자리 부분은 그 밑바닥 깊이를 정하고, 그 주위의 고막이 기초는 이보다 20cm 이상 또는 지반보다 30cm 이상 깊게 한다. 고막이벽의 두께는 10cm 이상으로 하고 방 안쪽에는 구들장을 받는 시근담(구들 턱)을 10cm 이상의 두께로 고막이 벽과 함께 쌓는다.

ㄴ. 벽체 또는 콘크리트 기초의 시근담(구들 턱) 쌓기
점토벽돌 내쌓기 (나비 10cm 이상) 또는 기초 벽, 하부벽체를 두껍게 하여 구들장을 받는 턱을 만들어 사용할 수도 있다.

시근담. 가평 하늘아래첫동네

ㄷ. 진흙반죽
고막이벽 쌓기에 사용하는 진흙반죽은 모래+황토로 만든 진흙 또는 회사반죽을 사용하는 것을 원칙으로 한다.

경주 성지리주택

나. 한식목구조주택의 고막이벽 바르기
고막이벽 쌓기가 완료된 후에는 그 안팎 면을 모두 진흙반죽 또는 회사반죽으로 틈이 없게 전면 바름을 원칙으로 한다. 고막이벽 밑은 지반보다 20cm 정도 깊이까지 바르고, 구석과 모서리 또는 다른 재료와의 접촉부는 특히 금이 가거나 틈이 생기지 않게 진흙반죽 등을 사춤해서 연기가 새지 않게 한다.

04. 개자리
개자리는 방의 모양과 고래의 형상에 따라 1면이나 2면 개자리로 하고, 개자리의 깊이는 고래바닥 윗면에서 30cm 이상, 폭은 25cm 내외로 한다. 개자리 벽은 점토벽돌로 쌓고 그 옆은 흙을 채워서 무너지지 않도록 다진다. 개자리 밑바닥은 평평하게 잘 다지고 진흙반죽 또는 회사반죽을 바른다. 개자리 옆면은 평면으로 줄 바르게 쌓고 진흙 등으로 면바르기 한다.

상주 낙서리주택

05. 고래둑 쌓기
방고래의 깊이는 아랫목에는 30cm 내외, 윗목에서는 20cm 내외로 하며, 고래둑의 나비는 20~30cm로 한다. 구부러진 고래 또는 선자고래에는 두둑의 나비를 10cm 내외로 더 넓게 할 수 있다. 고래둑을 쌓지 아니하고 굄돌(동바리)로 구들장을 고이는 허튼고래로 할 때에는 구들장의 크기에 따라 정렬로 배치하고, 굄돌은 벽돌이나 자연석으로 한다. 굄돌은 고래바닥에 단단히 고정하고, 그 위의 높이는 약 20cm~30cm로 한다. 특수 구들은 특히 불길이 잘 들고 연기의 흐름이 잘되도록 축조한다.

상주 낙서리주택

## 06. 불목

### 가. 불목 부분의 재료와 공법

불목 주위의 축조는 특히 유의하여 외부로 화기와 연기가 유출되지 않도록 해야 한다. 높은 열이 장기간 계속되는 불목 안에는 축조 후 진흙반죽을 잘 발라준다.

상주 낙서리주택

### 나. 목부가 맞닿는 부분의 처리(토대, 기둥, 하인방, 문지방 등)

목부 밑에 위치한 불목은 높은 화기가 닿는 부분이므로 목부에서 최소 30cm 이상 이격해야 한다. 고막이벽 위의 하인방, 기둥 등은 구들돌을 놓고 마무리 바름질을 하기 전까지는 10cm 이상 목부에서 떼어서 진흙과 점토벽돌을 이용하여 기밀하게 막고, 초벌바름 하여 구들 말리기를 한다. 이상이 없는 것을 확인한 다음 진흙반죽 또는 강회반죽을 다져 넣어 바르고 마무리한다.

### 다. 불아궁이 및 부뚜막

불아궁이는 화구 불문을 세우고 점토벽돌을 꼼꼼히 쌓은 후 이맛돌을 올리거나, 화구 불문을 사용하지 않을 경우 점토벽돌이나 돌을 이용하여 봇돌(기둥)을 세우고 그 위에 이맛돌을 올리면 된다.

용인 고기동주택

평창 용황리주택

## 07. 부넘기 및 바람막이

### 가. 부넘기
부넘기는 불목에서 고래 안으로 60° 정삼각형이 되게 진흙으로 축조하여 화기와 연기가 잘 넘어가고, 재를 긁어내기 쉽도록 미끈하게 바른다.

### 나. 바람막이
개자리에서 고래 안으로 60° 정삼각형이 되게 진흙으로 축조하고, 굴뚝에서 들어오는 한기를 막아내고 불목에서 오는 연기가 빠져나갈 수 있는 구조로 한다.

## (2) 구들 놓기

## 01. 구들장 놓기

### 가. 준비
구들장 놓기에 앞서 고막이벽, 두둑, 개자리 쌓기 등이 잘못된 곳은 수정한다. 고막이벽, 고래둑, 개자리 쌓기의 진흙반죽이 건조하게 굳은 다음 고막이벽 바름을 한다. 금이 간 곳이나 틈서리가 난 곳은 다시 발라 화기 및 연기가 새지 않게 보수한다. 고래 바닥, 개자리 바닥, 불목 등을 청소하여 구들을 놓은 다음 불길에 지장이 없도록 한다.

김천 송곡리주택

### 나. 구들장 나누어 보기
구들장은 그 크기와 두께가 알맞은 것을 골라 아궁이, 불목, 연도 또는 굽은 고래 등으로 나누어 놓아 본다. 이때 될 수 있는 대로 방의 아랫목 또는 출입이 많은 어구에는 비교적 두껍고 큰 것을 골라 사용한다. 규격이 일정하게 가공 절단한 현무암 구들돌은 두께가 일정하므로 아랫목과 윗목의 두께를 따로 할 수 없으므로 아랫목을 복층으로 해야 한다.

### 다. 구들장 놓기
구들장은 고래둑 위에 올리는데 고래 위에 올리는 구들돌은 빈틈없이 맞추어 붙이고 고래둑에 올리는 구들돌은 3cm 내외의 간격을 유지한다. 또한, 벽체 끝까지 구들돌을 붙이지 않고 3cm 내외의 간격을 유지한다.

주문진 장덕리주택

## 02. 고임돌 및 사춤돌
고임돌 및 사춤돌은 부정형인 구들돌을 작업할 때 많이 사용하며 규격화된 현무암 돌을 사용할 때는 고임돌은 거의 사용하지 않고 사춤돌만 현무암 돌을 고정하는 데 일부 사용한다.

### 가. 고임돌
부정형의 구들돌을 사용하여 구들을 놓을 때는 고임돌의 높이는 아랫목에서 10cm 윗목에서 5cm 내외로 하고 구들장이 안정되게 받쳐 고일 수 있는 것을 사용한다. 고임돌은

성주 고산리 백세각

구들장 윗면이 수평면이 되도록 네 귀를 받쳐 고이고, 빠지거나 미끄러 내리지 않도록 한다. 이때 구들장의 한 귀만 밟아도 뒤놀지 말아야 하고 안정되지 않은 고임돌은 진흙반죽을 사용하여 고정한다. 구들장의 윗면은 방바닥 마무리 수평면에서 불목은 5~9cm 불목이 아닌 고막이벽이나 개자리 부분에서는 2~3cm 정도 낮게 놓고, 그 복판은 열기의 정도에 따라 평탄한 곡면으로 놓는다. 구들장은 고막이 위에서는 벽에서 3cm 정도 떼고 고막이 시근담 위에 모르타르를 전면에 펴 깔고 내리누르듯이 구들장을 놓아 화기나 연기가 새어 나오지 않도록 기밀하게 놓는다.

### 나. 사춤돌

사춤돌은 고래둑 위나 화기 및 연기가 미치지 않는 고막이벽 위에 채워 넣고 화기나 열기가 닿을 우려가 있는 부분은 사춤돌을 채우지 않는다. 사춤돌은 구들장 사이에 잘 끼워서 밑이나 옆으로 빠지거나 구들장보다 높지 않게 사춤 쳐 넣는다.

### 03. 바탕 진흙 바르기

#### 가. 진흙 사춤치기

적당한 묽기로 반죽한 진흙을 사춤돌 윗면에 내리쳐 구들장 틈에 깊이 들어가 채워져서 사춤돌이 뒤놀지 않게 한다.

해남 서정리주택

### 04. 구들 말리기

#### 가. 임시 불아궁이 및 굴뚝 설치

바탕 바름이 끝난 다음 임시 불아궁이, 굴뚝 및 연도를 점토벽돌 등으로 축조하여 화재의 우려가 없게 한다. 연기 및 그을음 등으로 더러워질 우려가 있는 곳은 적절한 재료를 사

평창 운교리주택

#### 나. 부토 작업하기

소정의 바닥 마무리 면에 맞추어 수평실을 치고 양질의 생황토를 이용하여 방바닥을 평평하게 맞춘다. 특히, 방의 가장자리 시근담 위는 면밀하게 다짐한다.

용인 고기동주택

태안 법산리주택

용하여 보양한다. 특히 바람이 센 곳에 있는 불 아궁이 및 굴뚝은 바람막이 가설물을 설치한다.

### 나. 불 때기

#### ㄱ. 불 감시자
구들 말리기는 불을 때기 시작하여 완전히 꺼질 때까지 불을 감시하는 사람을 두고, 적당한 소방 설비를 갖추어야 한다. 불을 감시하는 사람은 불을 때 구들이 마르는 과정은 물론 진흙반죽 등이 열에 의해 균열이 생기는지와 목부 등 화재가 발생할 우려가 있는 부분을 감시하고, 방안에 생기는 연기, 증기 및 열기를 조절한다.

#### ㄴ. 열기조절과 대책
불은 열이 서서히 올라가도록 계속하여 불을 때되, 아랫목에서 윗목으로, 방의 갓 둘레에서부터 한가운데로 원형 또는 타원형으로 건조해 들어가는 것이 좋다. 불기로 말릴 수 없는 부분은 방안 구들 위에 숯불이나 겻불을 피워 말릴 수 있다. 이때 화재 발생을 예방하고 다른 부분이 훼손되지 않게 보양한다.

## 05. 방바닥 미장하기

### 가. 초벌바름
바탕의 부토가 완전히 건조되면 마무리 면에 맞추어 수평실을 치고 진흙으로 평평하게 바른다. 특히, 방의 가장자리 고막이벽 위는 면밀하게 하여 틈서리가 나지 않게 바른다.

공주 한옥마을

### 나. 재벌바름
초벌바름 면이 완전히 건조되어 대기 온도로 내려간 다음 두께 약 1cm 내외로 재벌바름을 한다. 재벌바름은 방 주위 벽의 수평에 맞추어 수평먹을 치고 방바닥이 들어가거나 기운 부분이 없게 평탄하고 매끈하게 바른다. 이때 진흙 바른 면이 볼록한 곳은 적절한 기구로 깎아내고 구석 및 모서리 등을 잘 청소한다. 바탕이 너무 건조하였을 때에는 표면에 물 축이기를 하여 진흙반죽이 굳는 데 지장이 없도록 한다.

하동 삼신리주택

### 다. 정벌바름
재벌바름에 뒤이어 정벌바름을 할 때에는 재벌바름 면이 벽면과의 접촉부와 구석 및 모서리 등에서는 특히 평면 지고 직각이 되도록 수정하고, 모래알과 흙 및 먼지 등을 제거하고 청소한 후에 정벌바름을 한다. 정벌바름은 표면은 평탄하고 매끈하게 쇠흙손으로 바르되, 바른 면은 잘 문질러 흙손 자

하동 삼신리주택

공주 쌍달리주택

다. 아궁이 철물
아궁이 뚜껑은 정확한 위치에 모르타르로 견고하게 설치하고, 주위 안팎은 빈틈없이 반듯하게 바른다. 뚜껑은 여닫기가 잘되고 자연적으로 잘 닫히게 설치한다.

상주 낙서리주택

국이 나지 않게 바른다. 방바닥과 벽과의 접촉부와 구석 및 모서리 등은 특히 평면 지고 직각이 되도록 빈틈없이 바르고, 모래알이나 진흙반죽 찌꺼기 등이 부착되지 않게 한다.

(3) 불아궁이, 부뚜막

01. 불아궁이

가. 종별
불아궁이는 부뚜막아궁이 또는 함실아궁이로 하고, 사용하는 연료는 장작으로 한다. 부엌에 있는 것은 부뚜막아궁이이고 나머지는 함실아궁이이다.

나. 불아궁이 축조
불아궁이의 볏돌은 점토벽돌이나 돌, 와편 등으로 쌓고 이맛돌은 두꺼운 구들돌을 사용한다.

02. 함실아궁이

의성 구림리주택

함실아궁이는 방구들 속에 아궁이후렁이가 있다. 함실아궁이 앞자리는 돌과 벽돌 등으로 축조한다. 그 공법은 부뚜막아궁이 축조법과 같다.

경주 성지리주택

## 03. 부뚜막

### 가. 부뚜막

부뚜막은 솥의 크기 및 방의 크기에 따라 부뚜막의 크기를 변경할 수 있다. 부뚜막 위에는 지정된 솥에 맞도록 원형으로 솥을 거는 구멍을 내고, 부뚜막 윗면은 연기가 새어 나오지 않도록 솥에 잘 맞게 하고 솥 밑으로 불길이 잘 들게 축조한다.

보성 강골마을 이식래가옥

01_ 하동 칠불사 아자방 / 02_ 삼척 대이리 굴피·너와집
03_ 보성 문형식가옥

### 나. 솥

보통 사용하는 가마솥은 1말, 2말 등으로 크기를 정한다.

예천 회룡포 여울마을체험장

### 다. 부뚜막 바르기

부뚜막이 축조되고 아궁철물 등의 설치가 완료되면 부뚜막 표면을 정벌바름 한다. 모서리와 구석 등은 필요에 따라 둥글게 모를 접고, 연기 및 화기의 유출이 없도록 평면 지고 매끈하게 쇠흙손으로 바른다. 부뚜막 내부는 매끈하게 원형으로 진흙을 바른다.

### (4) 굴뚝

#### 01. 일반사항
가. 적용범위
한식목구조주택, 전원주택 또는 소규모 건축물의 부뚜막 또는 구들방의 굴뚝에 적용한다.

나. 재료
굴뚝 및 연도에 사용하는 재료는 내화, 내열 및 내구적인 것을 사용한다.

#### 02. 굴뚝기초 및 굴뚝대

대구 도동주택

가. 굴뚝개자리
굴뚝개자리의 나비를 굴뚝 지름의 3배 정도로 하고, 그 두께는 기초 나비의 1/3 정도로 한다. 기초의 깊이는 개자리 밑으로 하고, 동결의 우려가 있는 것은 지반에서 60~90cm 이상 묻히게 한다.

나. 굴뚝대
ㄱ. 굴뚝대는 점토벽돌이나 돌 쌓기로 하고, 굴뚝대의 높이는 지반에서 45cm 정도로 한다. 굴뚝대에는 연도에 연결되는 굴뚝개자리를 두고, 그 깊이는 연도 또는 구들개자리의 깊이 이상으로 하되, 그 안지름은 굴뚝 지름의 1.5배 정도로 한다.

ㄴ. 굴뚝 청소 뚜껑
굴뚝대에는 청소구멍을 내어 뚜껑을 설치한다.

ㄷ. 굴뚝 배기구 및 굴뚝 갓
굴뚝 상부에는 연기 배출구를 내고 굴뚝 지붕 또는 굴뚝 갓을 씌운다. 굴뚝 배기구의 위치는 목조지붕면을 관통하게 하고, 굴뚝 높이는 지붕에서 60cm 이상 높게, 배기구의 면적은 굴뚝 구멍의 단면적보다 크게 하는 것을 원칙으로 하여, 부근의 기류에 따라 내부 연기가 역류하지 않고 잘 빠져 나가게 한다.

01_ 옹기굴뚝. 공주 한옥마을 / 02_ 와편굴뚝. 논산 명재고택
03_ 널굴뚝. 순천 낙안읍성 / 04_ 통나무굴뚝. 용인 한국민속촌

#### 03. 연도
가. 연도의 형상
연도는 될 수 있는 대로 직선으로 짧게 하고 고래개자리에서 굴뚝에 직결하는 것을 원칙으로 한다.

나. 연도의 크기 및 접속부
연도의 크기(안지름) 및 길이 등은 굴뚝, 방고래 및 개자리 등에 따라 정하고, 기밀성 있고 견고하게 축조한다.

01_ 김천 청암사 백련암 / 02_ 의성 수정리주택  
03_ 계원디자인예술대학

01_ 순천 낙안읍성 / 02_ 문경 이젠하우스  
03_ 상주 구들흙집교육원

특히, 개자리 또는 굴뚝대와의 접촉 부분은 균열이 생기지 않게 한다.

다. 연도의 기초

콘크리트 기초 위에 적벽돌로 축조하고 표면은 모두 지하 20cm 깊이까지 감싸 바른다. 토관으로 축조하는 연도의 지름은 굴뚝 지름의 1.5배 정도로 하고, 이음새 또는 다른 부분과의 접속부는 흙반죽으로 사춤해 넣고 기밀하게 싸 바른다.

라. 연도가 가연부에 접근할 때

연도가 목부나 기타 가연부에 접근할 때에는 안전한 거리를 두거나 내화재료로 축조하여 화재 발생 또는 연기가 유출될 염려가 없게 한다. 연도가 마루 밑이나 인방 밑을 통과할 때에는 내화, 기밀, 내구 및 방습에 주의하여 축조한다.

## 3장
# 황토집
# 사례별 시공과정

- 078   내 손으로 황토집 짓기 교육과정
- 086   구들편수의 흙집 짓기
- 098   손수 빚어 지은 흙집
- 112   선입견을 극복한 흙집 펜션
- 124   정신적인 공간, 황토구들방
- 136   고비용을 해결한 반축공사
- 152   자연의 맛이 있는 황토체험장
- 168   단열문제를 해결한 개량한옥

구들흙집교육원
# 1. 내 손으로 황토집 짓기 교육과정

글_이신재

양평 용천리주택. 황토주택의 지붕을 현대식 아스팔트 쉰글로 마감해 관리가 간편하다.

황토집은 소박하고 자연스러워 주거공간 속의 인간을 건강하게 해주고 자연과도 잘 동화한다. 웰빙을 추구하는 현대에 황토집이 주목받고 있는 이유 중 하나이다. 그뿐만 아니라, 자연에서 얻은 흙으로 집을 짓고 자연과 호흡하며 살기에는 황토만한 재료가 없기 때문일 것이다. 평소 흙집에 관심이 많던 필자에게 "내 손으로 황토집 짓기 교육과정"은 주거공간으로서 황토집이 그만한 가치가 있다는 것을 일깨워준 계기가 되었다. 이번 교육과정을 통해 얻은 소중한 경험을 지면을 통해 황토집에 관심 있는 분들과 공유하고자 한다. 이 교육은 개인이 직접 황토집을 지을 수 있을 정도의 기본적인 것을 가르치는 과정으로 직접 실습하지 않으면 알 수 없는 것들을 최대한 담으려고 노력했다.

## 1. 황토집의 문제점과 해결방안

●●● 먼저 황토집을 짓는 데 있어서 문제점과 해결방안에 대해 주요 주제로 살펴본 다음 이번 교육과정에서 배운 내용을 좀 더 구체적으로 이야기해 보고자 한다.

## 1 | 흙집의 견고성

흔히 흙집 하면 재료가 흙이므로 쉽게 무너질 것 같다는 생각을 하게 된다. 쉽게 무너지지는 않는다 하더라도 목재나 콘크리트에 비하면 약한 재료라고 생각하는 것이 일반적이다. 이 교육과정을 실습하기 전에 필자가 가진 생각도 마찬가지였다. 그러나 흙집을 지으면서 알게 된 사실은 흙집이야말로 튼튼하다는 것이었다. 흙이란 시간이 지나면 지날수록, 위에서 누르는 힘이 강하면 강할수록 더욱 단단하고 견고하게 굳어지는 성질이 있다. 즉 지붕의 무게만큼 가해지는 압력 또한 크기 때문에 흙집의 벽면은 더욱 단단하게 굳어진다. 이는 지붕의 압력이 등분포하중을 통해 어느 한 점에 몰리는 것이 아니라 벽면 전체에 고루 퍼지기 때문이다. 이런 사실은 이후 지붕을 올리는 교육과정에서 실제로 지붕의 하중을 어떻게 분산하는지 그 방법을 알면 쉽게 이해될 것이다. 필자는 흙벽돌과 흙이 쌓은지 단 하루 만에 매우 단단하게 굳어져 해체하기조차 쉽지 않다는 것을 경험했다. 또한, 교육과정에 참가한 교육생들도 마찬가지로 흙집을 해체하는 교육과정 내내 흙이 이렇게 단단한지 몰랐다는 투정 아닌 투정을 하곤 했다.

## 2 | 흙집의 방충

흙은 자연에서 얻은 재료이기에 사람 몸에 좋다. 문제는 사람 몸에 좋은 것은 벌레들도 좋아한다는 점이다. 그래서 흙집을 지을 때 걱정하는 또 하나는, 자칫 벌레들과 동거생활을 하게 되는 것은 아닌지 하는 것이다. 그러나 이런 우려도 조금만 주의를 기울인다면 해결할 수 있는 문제로 다음과 같은 여러 단계의 방충대책을 수립한다면 벌레들과의 동거는 얼마든지 피해갈 수 있다.

첫째, 벽은 통으로 쌓는다. 귀뚜라미나 개미들은 구멍이나 공간을 파고드는 속성이 있으므로 최근에 많이 이용하는 방식처럼 벽 사이에 공간을 두지 않고 벽을 쌓는 것이다. 벽면 사이에 공간을 두는 이중벽은 그 사이에 공기층이 형성되어 단열효과는 있지만, 언제든지 개미와 귀뚜라미 등 벌레들이 서식하기에 좋은 공간이 될 수 있다. 단열효과는 벽면을 통으로 만들어도 충분하므로 굳이 이중벽을 만들어 벌레들이 집에 꼬이게 할 필요가 없다.

둘째, 벽 외부 미장마감 시 흙과 석회를 1:1로 배합하여 미장한 뒤 맨 마지막 3mm 이하 정도는 석회로만 마무리한다. 석회는 미장에서 흙벽을 단단하게 해주는 성질이 있고 벌레를 막는데도 효과적이다.

셋째, 지붕 안에도 석회, 소금, 숯을 사용해 방충작업을 한다. 단열을 보강한다고 하여 지붕에 왕겨나 톱밥, 방풍시트 등을 잘못 사용하면 그 안에 벌레가 꼬일 수 있으므로, 될 수 있으면 이런 재료는 사용하지 않도록 하고 흙을 이용해 방풍, 방한 효과를 내는 것이 중요하다.

## 3 | 흙집의 방한 기능

개량한옥의 창문을 이중으로 설치해 열손실을 차단했다.

흙집은 춥다는 인식이 있다. 그러나 이 또한 잘못된 것이다. 교육과정에서 짓는 흙집의 벽면 두께는 약 33cm 정도였다. 이 정도의 두께라면 방한기능으로서 크게 부족함이 없다. 오히려 방한기능에서 중요하면서도 놓치기 쉬운 부분은 바람이 들어 오는 구멍을 제대로 막지 못하는 것이다. 그래서 창틀과 문틀, 지붕틀을 만드는 교육과정 때 매우 주의 깊게 들었던 부분이다.

각종 틈을 흙으로 메워 차가운 바람이 들어오지 못하도록 차단하는 것이 무엇보다 중요하다. 흙집이 춥다고 하는 것은 대부분은 구들장이 잘못 놓였거나 창틀과 문틀, 지붕틀 사이로 바람이 들어오는 것을 효율적으로 막지 못했기 때문이다.

남해 황토주택. 현대식 자재의 창틀과 문틀을 사용해 바람이 들어오는 것을 효율적으로 막았다.

> tip 공기의 유입통로를 꺾인 벽돌로 막아주고, 모래로 틈을 메워 공기의 유입을 차단하는 방식으로 방한기능을 획기적으로 높일 수 있다.

### 4 | 사후관리의 불편함

흙집은 주재료가 흙이기에 비가 오면 흙이 쓸려나가서 매년 보수가 필요하다고 하는 경우가 있다. 그러나 석회를 섞어 벽면을 마감하면 흙이 쓸려나가지 않는다. 또한, 처마를 길게 빼면 직접적인 비의 영향을 적게 받으므로 흙이 쓸려나갈 염려가 없다. 또 황토집은 천장 속까지 황토로 마감하기 때문에 이미 방한처리는 되어 있다고 할 수 있다. 그러므로 지붕의 용도는 비를 막거나 외부치장에 두고 현대식 재료를 사용하여 지붕공사를 하면 재료비도 줄일 수 있고 사후관리도 간편해진다.

황토주택의 현대식 시스템창호

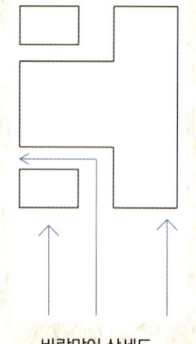

바람막이 상세도

## 2. 황토집 시공과정

●●● 개량 황토집을 짓는다 하더라도 아무런 불편 없이 산다는 것은 쉬운 일이 아닐 것이다. 그러나 흙집에서 나타날 수 있는 문제점을 보완하기 위해 고안된 여러 가지 건축기법들을 잘 이용한다면 앞서 언급한 문제점들을 최소화할 수 있다. 여기서는 이런 건축기법들을 반영하여 흙집 짓는 시공과정에 대해 알아본다.

# 1 | 기초작업

## 01 집터 자리 잡기(터 앉히기)

교육장 내의 황토방은 기초를 파지 않고 지은 집이다.

01. 교육생들이 황토집을 지을 실습장소이다.
02. 집을 앉힐 부지 전체를 장비로 평탄작업한 후 기초공사에 들어가기 전에 주택을 앉힐 자리부터 정해야 한다.
03. 먼저 인허가 도면상의 배치도와 실제 부지 경계 내에 집을 앉히는데 차이는 없는지 확인해야 한다.
04. 지적도(지적경계)와 실 측량경계(현황경계)는 택지조성이 되어 있는 때 외에는 일치하는 경우가 드물다. 편차가 있을 수 있으므로 터파기나 버림콘크리트 타설 전 다시 한 번 세밀하게 점검해야 한다.

## 02 기초선 잡기

01. 터를 잡기 위해서 직사각형(정사각형)의 기초선을 잡는다.
02. 합판은 수직으로 맞춰지기 때문에 90°각을 잡는데 이용하면 편리하다.
03. 직사각형이나 정사각형의 경우 두 대각선의 길이가 같으므로 대각선의 길이가 서로 같다면 정확하게 된 것이다.

## 03 기초 콘크리트 타설

01. 실제 흙집을 지을 때에도 면 전체가 아닌 줄기초를 따라 콘크리트를 타설한다. (버림콘크리트 위로 1,200mm)
02. 교육 시에는 콘크리트 타설이 어려우므로 ALC블록을 사용한다.
03. 콘크리트를 타설할 때는 개구부를 만들어야 한다.
04. 구멍은 콘크리트 바닥을 기준으로 구멍을 뚫는다.
 - 아궁이 개구부 : 60cm × 90cm
 - 연통 자리 : 30cm × 90cm (연통 자리는 바닥 기준이 아님)
05. 황토방에 배수시설이 들어가는 경우 상수관과 하수관도 콘크리트 타설 전에 미리 한 치수 크게 개구부를 뚫어야 한다. (하수관: 15cm, 상수관: 10cm)

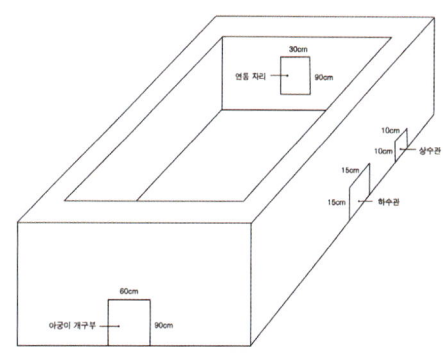

개구부 상세도

**tip.** 콘크리트 타설 후에 개구부를 만들려면 콘크리트를 깨야 하는 어려움이 있고 충격으로 인해 콘크리트에 균열이 갈 가능성도 있기 때문에 타설 전에 미리 개구부를 확보하는 일은 매우 중요하다.

## 2 | 벽체 만들기

### 01 진흙, 된흙 만들기

01. 황토집을 짓기 위해서는 황토를 모래와 섞는 작업이 필요하다.
02. 황토와 모래의 비율은 1:3으로 한다.
03. 큰 통을 두 개 준비하여 하나에는 된흙을 다른 통에는 진흙(묽은 흙)을 만든다. 된흙은 물기가 촉촉하게 묻어 있는 느낌이고, 진흙은 흘러내리는 정도이다.
04. 된흙은 벽돌 바깥을 마감하는 데 주로 사용하고, 진흙은 틈새를 메우는 흙으로 사용한다.
05. 흙과 모래를 섞는 것은 기본적인 작업으로 교반기(반죽기)라는 기계를 이용한다. 구입 시 가격은 30만원 선이다.

> **tip** 된흙은 물기가 적은 흙이므로 흘러내리지 않는다. 따라서 넓은 공간을 메우거나 수평을 맞추기 위해 높이 조절이 필요한 경우에 사용한다. 진흙의 경우 흘러내리는 성질과 된흙에 비해 더 끈적한 성질이 있으므로 작은 공간을 메우거나, 벽돌 사이의 접착 시에 바른다.

### 03 벽돌쌓기2

01. 네 모서리를 기준으로 수평선에 맞춘 벽돌에 실을 이용하여 수평선을 잡는다. 이 수평선을 따라 벽돌을 쌓는다.
02. 수평선은 사진과 같이 벽돌 아래 쌓은 흙에 못을 꽂아 지지한다.
03. 이 수평선은 매 단을 쌓아 올라갈 때마다 계속 이동 연결하여 벽의 수평을 유지한다.
04. 벽돌 사이의 간격이 너무 좁으면 그 틈새를 메우기 어려우므로 1.5cm 이상의 간격을 두고 쌓는다.

### 02 벽돌쌓기1

01. 집터 가장자리를 따라 벽돌을 쌓는다.
02. 맨 아래 첫 줄의 벽돌을 수평으로 잘 쌓아야 이후에 쌓는 벽돌의 수평을 잘 맞출 수 있기 때문에 첫 번째 줄 벽돌쌓기는 매우 중요하다.
03. 수평을 맞추기 위해 각 모서리 바로 옆에 기둥을 세운 뒤 수평을 측정하여 지대가 가장 높은 곳을 찾아 그 지점을 기준으로 벽돌을 쌓는다. 이후 벽돌의 윗면을 기준으로 수평을 표시하고 다른 지점에도 수평을 표시한다.
04. 첫째 줄 벽돌과 콘크리트 사이의 넓은 간격은 된흙으로 메운다. 이후 넓은 공간을 메우는 데는 된흙을 사용하고, 흙벽돌 사이의 접착 및 작은 공간은 진흙을 사용한다.
05. 수평은 가장 편하고 정확한 물수평기를 사용한다. 물은 항상 수평을 유지한다는 점을 이용한 것이다. 거리가 멀어도 수평을 맞출 수 있어 편리하게 이용된다.
06. 수평선을 기준으로 낮은 위치에 있는 벽돌은 된흙이나 자갈로 아래를 받쳐 다른 곳과 수평이 되도록 높이 조절을 한다.

### 04 벽돌쌓기3

01. 맨아래 첫째 줄의 벽돌을 쌓은 모습이다.
02. 벽돌 사이의 작은 틈새를 메우는 데는 진흙을 사용하고, 벽돌의 외부마감과 높이 조절용은 된흙을 사용한다.
03. 본 작업장의 경우 왼쪽이 높고 오른쪽이 낮은 경사진 곳으로 벽돌 아래 된흙의 높이로 수평을 유지했다.

### 05 수직축 만들기

01. 수직을 맞추기 위해 먼저 기준틀을 설치한다.
02. 내림추를 사용하여 수직 위치를 표시한 후 그 위치에 실을 연결하고 아래로 내려 고정한다.

03. 실을 아래에 고정한 모습. 내림추와 비교하여 수직이 맞는지를 다시 한번 확인한다.
04. 이후 이 선에 맞추어서 모서리를 쌓아야 집이 기울어지지 않는다.

### 08 창틀 만들기

01. 창문은 본틀을 넣을 수 있도록 외부틀을 만들어서 설치한다.
02. 외부틀을 통나무로 하지 않고 두 쌍의 나무를 연결하여 만드는 것은 그 사이에 흙벽돌과 된흙을 집어넣어 바람을 막기 위함이다.

### 06 벽돌쌓기 4

01. 벽돌을 쌓는 데 있어서 수평축, 수직축의 형태를 유지하며 이 기준실을 따라 벽돌을 쌓아 올린다.

02. 벽돌은 아래 벽돌과 엇갈리게 쌓아 올라간다. 벽돌을 엇갈리게 쌓으면 맞물리는 힘으로 벽의 강도는 더 커진다.

> tip 흙집의 방한효과를 높이기 위해서는 창틀 사이의 틈을 잘 메우는 것이 중요하다. 본 실습과정에서 이용한 방법은 두 쌍의 나무로 외부틀을 만들어 그 사이를 흙벽돌과 흙으로 메우는 것이다. 이 방법은 창틀 사이의 공간을 통해 바람이 들어오더라도 메워진 흙과 흙벽돌이 이중으로 차단하여 방한효과를 높여준다.

03. 창문의 수평이 매우 중요하므로 외부틀을 올려놓을 때 수평이 맞는지 수평계로 다시 확인해야 한다.

04. 외부틀의 옆모습. 나무 사이가 비어있는 것을 확인할 수 있다.
05. 외부틀을 벽 앞으로 1.5cm 나오게 하여 미장 후에도 틀이 들어가지 않게 한다.
06. 흙벽돌의 중간 부분을 남기고 망치로 가를 쳐내서 모양을 만든 후 외부틀에 맞춘다.
07. 외부틀 사이에 메워진 흙벽돌의 모습이다.
08. 바람이 들어오더라도 메워진 흙이 막아 주어 단열효과가 높다.

### 07 문틀 축 만들기

01. 문틀을 만들기 위해 문틀 자리를 비우고 기준틀을 설치하여 수직을 맞춘다. 반드시 수평, 수직을 확인한다.

02. 문틀 자리는 실제 문보다 크게 여유분을 두어야 한다.
03. 문틀 자리의 수직축 틀을 흙벽돌에 박아 고정한다.

09. 흙벽돌을 외부틀과 더 단단하게 연결하기 위해 못을 박아 고정한다. 못은 벽돌 위에서 사선으로 나무 아래에 박아 고정한다.
10. 외부틀은 사진과 같은 형태로 벽돌과 이어지게 하고 남은 틈은 미장마감 시에 메운다.

02. 도리 아래에는 30cm 길이의 나무를 사이사이에 대어서 수평을 맞춘다.
03. 도리 양쪽에 조각목을 이용해서 가볍게 고정한다. 이 조각목은 이후 제거해야 하므로 가볍게 고정한다.

> **tip** 창문에 가틀을 사용한 것과 마찬가지로 도리도 두 개의 나무를 사용하고 그 사이를 모래로 메운다. 지붕 틈새로 바람이 통하는 것을 막는 획기적인 방법이다.

## 3 | 지붕 만들기

### 01 수평축 표시하기

01. 벽을 다 쌓은 뒤에는 도리를 놓기 위해 수평 맞추기를 한다.
02. 위에서 둘째 단 중간을 기준으로 수평을 맞추고 네 모퉁이를 표시한다.
03. 모퉁이를 기준으로 먹선을 낸다. 이 선이 수평 기준선으로 앞으로 도리를 수평으로 놓는 기준이 된다.

04. 바깥쪽 도리는 45° 각도로 모서리를 잘라 맞춘다.

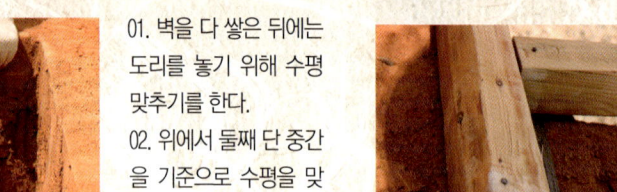

05. 안쪽 도리는 사진과 같이 모서리 부분을 고정한다.

> **tip** 못은 나뭇결을 따라 좁은 부분에서 넓은 부분으로 박아야 튼튼하다.

### 02 도리 올리기

01. 도리는 나무 두 개(두께 15cm)를 양쪽으로 1.5cm 나오게 설치한다.

06. 도리의 가운데 부분을 표시한 뒤에 그 부분을 기준으로 다시 도리를 쌓는데 이를 '귀접이천장 작업'이라고 한다.
07. 나무의 한쪽을 바깥쪽 도리의 반 정도를 기준으로 고정하고, 다른 쪽은 안쪽도리에 걸치게 연결한다.

> **tip** 귀접이천장 작업은 흙집 벽면 전체에 골고루 압력을 가하면서 천장의 유려함도 살리는 방법으로 간단하면서도 효율적인 작업이다.

08. 바깥쪽 도리 위에 올린 모습이다.

09. 안쪽 도리 위에 올린 모습이다.

10. 도리 뒤에 각목을 계속해서 연결하여 면을 만들어 준다.

## 4 | 이후 작업 및 주의사항

01. 올린 지붕 위로 마른 흙을 붓는다. 흙에는 석회와 천일염, 숯을 섞어 넣어 벌레를 예방한다. 두께는 30cm 이상 되게 하고 흙이 바깥으로 흘러내릴 수 있으므로 지붕과 맞닿는 경사면에는 판을 덧대어 흙이 흘러내리지 않고 굳게 한다. 타이벡과 같은 숨 쉬는 자재로 막기도 하는데 제일 좋은 자재는 송판이다.
02. 지붕은 지붕시공업체에 의뢰한다.
03. 재질은 함석재질을 사용하는 것이 간편하고 좋다. 흙집은 이미 모든 작업내용이 지붕 전에 마무리되므로 지붕은 비를 막고, 외부에 보이기 위한 용도이다. 따라서 너무 많은 노력을 기울일 필요는 없다.

04. 지붕과 이어지는 흙벽에는 환풍구를 설치해 공기가 순환되도록 한다.
05. 전기공사는 업자를 통해서 하는 것이 좋다.

11. 나무 사이에는 홈을 파고 그 사이에 판을 대어 위에 흙을 쌓거나 톱밥이 흘러내리지 않도록 한다.
12. 정사각형의 경우는 상관없으나 마름모꼴의 경우는 직각이 아니므로 잘라내야 한다.

> tip  1. 각목은 집안에서 보이는 부분만 대패질하고 전체를 모두 할 필요는 없다.
> 2. 마름모꼴을 자르는 각도는 정확히 자르기보다는 약간 더 길게 잘라주면 보이는 끝 부분이 매끈해진다.

13. 도리 2단 부분을 쌓은 모습이다.

14. 도리 3단 부분은 다시 가운데 부분을 표시한 뒤 쌓아준다.
15. 남은 가운데 부분은 방에서 보이는 천장 부분이므로 좋은 나무로 마무리한다.
16. 처마를 고려한 서까래를 설치하면서 마무리한다.

건물과 마당의 단 차이를 크게 하여 구들을 놓은 홑처마 맞배지붕의 단아한 흙집이다.

상주 부곡리주택
# 2. 구들편수의 흙집 짓기

사람의 몸과 마음을 담아내는 흙집을 짓고 구들을 놓는 도편수가 정성 들여 자기 집을 지었다. '유민구들흙집교육원'에서 실시하는 5박 6일에 걸친 흙집 짓기, 무료 체험교육에 일부 공정을 포함하여 진행한 교육과정을 모두 공개한다. 짧은 교육일정을 고려하여 현장에는 미리 줄기초를 완성하고 되메우기한 후 황토벽돌과 목재를 반입한 상태에서 흙벽돌 쌓기를 진행했다. 60㎡(18평)의 작은 집이지만, 교육생 20여 명이 문틀 및 창틀을 세우고 흙벽돌로 벽을 쌓는 등 목재와 흙을 이용한 현장실습이 이루어졌다. 단기간의 교육일정으로 부족한 부분과 시공, 그리고 이론교육은 흙집교육원에서 병행하며 진행하였다. 계속해서 귀접이천장을 포함한 지붕공사, 수장공사, 타일공사를 포함한 부대공사가 마무리되었다. 두꺼운 흙벽돌과 부토로 건조가 덜되어 초배지를 바른 상태에서 한지벽지와 방바닥에 콩댐할 날을 1년 넘게 기다렸으니 흙집이 얼마나 많은 공이 들어가는지를 보여주는 단적인 예이다.

이 건물의 외형은 정면 3칸, 측면 2칸 규모로 자연지형을 그대로 이용하고 건물과 마당의 단 차이를 크게 하여 구들을 놓은 홑처마 맞배지붕의 단아한 흙집이다. 천장은 넓은 방형을 한 번에 덮기 보다는 흙집 벽면 전체에 골고루 압력을 분산하고 천장의 유려함을 살리는 원리로 간단하면서도 효율적인 귀접이천장으로 했다. 이 천장은 모서리를 점점 줄여가는 방법으로 만드는데 이렇게 귀를 접어가면서 만든 천장이라 하여 '귀접이천장'이라고 한다. 우선 네 면의 주심도리 가운데 부분을 연결하여 도리를 쌓고, 다음 도리의 가운데 부분을 연결하여 도리를 쌓는 방식으로 귀를 세 번 접고 마룻대를 걸었다. 도리 뒤에 각목을 계속 연결하여 면을 만들어 주고 남은 가운데 부분

## 황토집
### 60㎡(18평)

| 위　　　치 | 경상북도 상주시 공검면 부곡리 205-3 |
| 건물형태 | 황토주택 |
| 대지면적 | 155㎡(47py) |
| 건축면적 | 60㎡(18py) |
| 구들면적 | 19.8㎡(6py) |
| 건축 및 구들설계·시공 | 유민구들흙건축 |

방형의 홑처마에 빗물받이를 덧달아 겹처마 역할을 한다.

은 방에서 보이는 쪽이므로 좋은 나무로 마무리했다. 올린 지붕 위로 두께 30cm 이상의 마른 흙을 붓고 석회와 천일염, 숯을 섞어 넣어 벌레를 예방하고, 지붕과 이어지는 흙벽에는 환풍구를 설치해 공기가 순환되도록 했다. 흙집 작업은 지붕을 올리기 전에 모두 마무리되고, 지붕은 비를 막고 외부에 보이기 위한 용도이므로 지붕시공업체에 의뢰하여 함석재질로 간편하게 마감했다.

이 흙집 두 개의 방에 최근 다시 주목받고 있는 우리나라 전통 난방방식인 구들을 놓았다. 거실공간은 친환경성과 높은 열전도율이 과학적으로 입증되고, 전통구들의 장점과 현대식 온돌의 장점을 융합해 난방비·새집증후군·층간소음을 해결한 '따따시 온돌난방'을 설치했다. 지속적인 하중과 열에 견딜 수 있는 '따따시 온돌난방'은 현대식 온수배관의 열을 금속온돌강판을 통해 전달하는 방식으로 이루어져 황토, 맥반석, 운모석 등 원적외선을 방출하는 친환경 자재를 마감재로 사용해도 균열이 생기지 않고, 온돌판에 의해 바닥 전체로 고르게 열이 전달되는 특징을 가지고 있다.

이외에도 기존에 통로로만 여겨졌던 현관에 중문을 설치해 아늑하고 실용적인 공간으로 바꾸었다. 좁은 공간의 활용성을 높이기 위해 중문은 3연동도어 미닫이문(Sliding Door)을 시공하였다. 거실과 이어지는 주방 및 식당공간, 주방가구의 배치도 한동선 상에 이어지는 구조로 설계하고, 한쪽에는 벽난로를 설치해 보조난방의 기능과 실내장식 효과를 냈다. 불편하게만 느껴졌던 흙집이 전통 요소와 현대 자재가 결합하여 편리한 생활공간으로 다시 태어났다.

홑처마 끝에 지붕의 빗물을 처리하는 홈통을 설치했다.

01_ 거실과 주방이 한 동선 상에 이어지는 구조이다.
02_ 한쪽에 설치한 벽난로는 보조난방의 기능과 실내장식 효과가 있다.
03_ 방바닥은 황토를 바른 후 그 위에는 한지를 몇 겹 바르기도 하고 바로 콩댐하여 마무리하기도 한다.

01_ 흙벽에 초배지만 발랐지만 은은히 빛이 돈다.
02_ 붙박이장의 문은 두 짝의 갤러리도어로 설치했다.
03_ 건넌방 여닫이문은 결이 좋은 원목도어를 설치했다.
04_ 모서리를 점점 줄여가는 방법으로 만든 귀접이천장이다.

01_ 출입문과 마당의 높이 차이를 나무계단으로 처리하고 출입문은 널판문으로 했다.
02_ 현관의 중문을 3연동도어 미닫이문(Sliding Door) 으로 했다.
03_ 통로로만 여겨졌던 현관에 중문을 설치하니 아늑하고 실용적인 공간이 되었다.
04, 05_ 현대식으로 개량한 욕실과 화장실을 실내에 배치했다.
06_ 좁은 공간의 활용성을 높이기 위해 흰색 톤의 가구를 一자형으로 배치한 주방이다.
07_ 간편하게 문상·하방과 문설주만을 대어 창문을 만들었다.
08_ 처마를 고려한 방형의 서까래를 설치하고 개판을 판재로 마무리했다.

01_ 지붕과 이어지는 흙벽에 환풍구를 설치해 공기가 순환하게 한다.
02_ 외벽에 크고 작은 환풍구를 설치했다.
03_ 외벽은 진흙에 백토만을 섞어 바르는 사벽(砂壁)이다.
04_ 거실의 한쪽 벽에는 나무 향이 좋고 옹이가 살아 있는 히노끼 루버로 마감했다.
05_ 아궁이와 굴뚝이 같은 쪽에 있는 되돈고래 구들이다.
06_ 함실아궁이에 벽돌로 아치형의 이맛돌을 만들었다.
07, 08_ 밑에는 점토벽돌을 쌓고 위에는 연통 대신 옹기를 얹어 옹기굴뚝을 만들었다.
09_ 옹기 위에서 바라본 연통의 내부 모습.

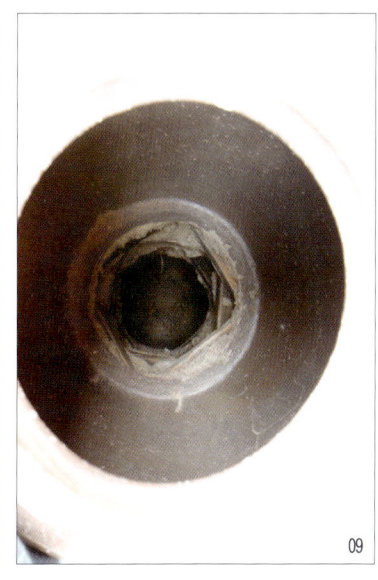

01_ 연기구멍의 크기와 높낮이에 따라 연기 빠짐의 완급이 조절되므로 연도에 조절밸브를 설치해 열기를 조절한다.
02_ 이맛돌을 아치형으로 마감하여 혹시 낼 수 있는 연기의 그을음으로부터 건물이 더러워지지 않도록 대비했다.
03, 04_ 긴 처마 밑에 땔감용으로 마른 나무와 나뭇가지를 모아 두었다.
05_ 홑처마 밑으로 낮은 옹기굴뚝을 설치했다.
06_ 현대온돌난방인 따따시온돌을 덥히기 위해 기름보일러를 설치했다.
07_ 현대생활에 맞는 전기시설을 갖추었다.

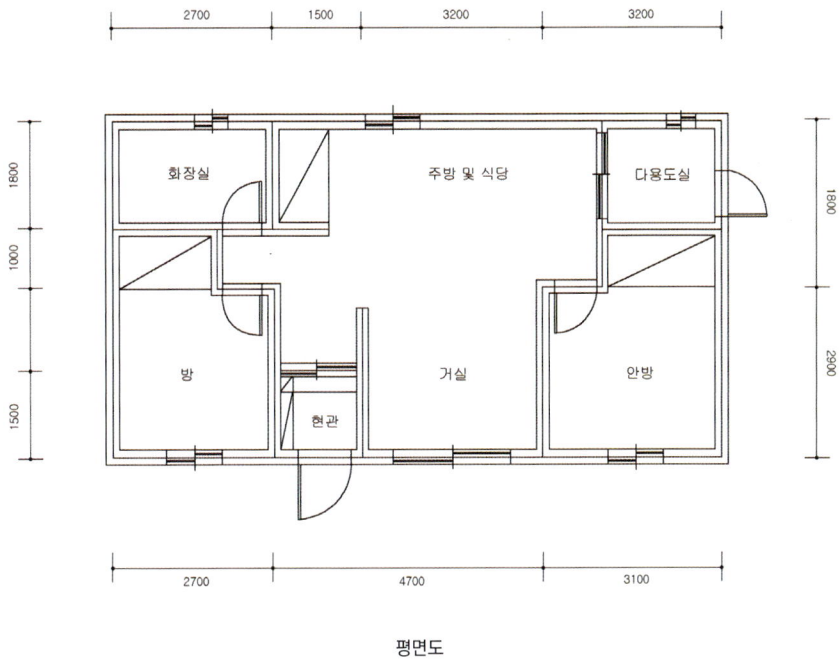

평면도

## 시공과정

기초부터 완성까지 황토집 짓는 공정별 과정에 대한 58컷의 상세이미지를 설명과 함께 순서대로 실었다. 5박 6일에 걸친 흙집 짓기의 짧은 교육일정을 고려하여 사전에 줄기초와 되메우기를 하고, 황토벽돌과 목재를 반입한 후 흙벽돌 쌓기를 집중적으로 진행하고 현장에서 부족한 부분과 구들의 이론교육은 흙집교육원에서 병행하여 진행하였다. 교육일정 후에도 계속해서 귀접이천장을 포함한 지붕공사, 수장공사, 타일공사 등 부대공사를 진행하며 마무리하는 과정이 상세하게 실려있다.

01

02

03

01, 02_ 거푸집조립을 완성하고 펌프카로 콘크리트를 타설한 후 완성한 모습.
03_ 거푸집을 철거하니 줄기초의 형태가 그대로 들어난다.
04_ 포크레인으로 되메우기를 하고 있다.
05, 06_ 공사현장에 황토벽돌과 목재를 반입한다.
07_ 반입한 목재를 가공하기 위해 모탕에 올려놓았다.
08_ 교육에 참가한 교육생들에게 흙집 짓기 공정에 대한 이론을 강의하고 있다.
09_ 황토벽돌을 똑바로 쌓기 위한 수직 실띄우기 작업이다.
10_ 황토벽돌로 벽체를 쌓기 전에 이론적인 설명을 한다.
11_ 우선 건물의 외부 벽돌쌓기 작업을 한다. 외벽의 두께는 최소 30cm가 되어야 하므로 황토벽돌을 마구리쌓기로 한다.
12_ 문틀을 설치하는 방법을 익히고 고정한다.
13_ 문틀을 고정하고 수평대를 이용하여 수직과 수평을 확인한다.
14_ 황토 벽체는 일체화가 중요하므로 벽돌과 벽돌 사이의 공간은 꼼꼼히 메운다.
15_ 문틀 사이로 외기의 바람이 들어가지 못하도록 중심 부위를 벽돌과 진흙으로 잘 막는다.
16_ 밖에서 쌓기가 어려우므로 내부로 황토벽돌을 나르고 있다.
17_ 문틀을 1개의 통나무로 하는 것 보다는 2개의 각목을 이용하여 제작하면 외기의 바람을 완벽하게 막을 수 있다.

01_ 출입문의 문틀과 창틀을 세우고 움직이지 않도록 단단히 고정한다.
02_ 벽체가 완성되가고 있다.
03_ 흙집 짓기 교육에 스스로 참여한 사람들이라 모두가 적극적이다.
04_ 황토벽돌 쌓기의 공정이 수월하게 진행되고 있다.
05_ 인원이 충분하고 비만 내리지 않는다면 황토벽돌은 단 하루에도 많은 양을 쌓을 수 있는 건축자재이다.
06_ 지붕공사 전에 미리 교육용으로 설치해 놓은 지붕을 해체하여 지붕구조를 확인해 본다.
07_ 천장구조와 지붕가구에 대해 설명한다.
08_ 내벽은 황토벽돌을 길이쌓기로 하며 두께는 15~20cm가 적절하다.
09, 10_ 귀접이천장에 쓰이는 각목은 고른 면을 선택하여 집안에서 보이는 부분만 대패질한다.
11_ 귀접이천장의 첫 단을 단단히 고정한 후 2단, 3단을 차례로 접으면서 고정한다.
12_ 첫 단이 완성된 것을 밑에서 바라본 모습이다.
13_ 종도리를 올려놓음으로써 외부공사가 마무리 단계에 이르게 되는데 이때 상량식을 한다.

01_ 천장공사가 완성되면 서까래를 걸어서 지붕의 모양을 잡는다.
02_ 개판을 끼우기 위해 홈을 파낸 평고대를 서까래 끝에 건다.
03_ 천장이 원목으로 마감되어 외기 바람이 들어가지는 않지만,
　　서까래와 서까래 사이의 당골벽을 흙벽돌과 진흙으로 잘 마무리한다.
04_ 천장 위로 황토벽돌을 올려 합각을 막으면서 환풍구를 만들어 준다.
05_ 전기기구는 벽체에 매립하고 못으로 황토벽돌에 고정한다.
06_ 전기 분배장치를 고정한다.
07_ 전기공사는 전문분야이므로 면허가 있는 업자에게 맡기는 것이 좋다.
08_ 지붕 위로 두께 30cm 이상이 되게 마른 흙을 붓는다.
09_ 흙에는 석회와 천일염, 숯을 섞어 넣어 벌레를 예방한다.
10_ 천장등은 단순하면서도 실용적인 것을 선택했다.
11_ 지붕공사는 지붕시공업체에 의뢰하고 지붕재는 간편하면서도 경제적인 함석재질을
　　선택했다.
12_ 건물 외관이 완성되면 문틀과 같이 노출된 목재 부분을
　　깔끔하게 닦아낸다.
13_ 실내벽체에 황토미장을 하고 있다.
14_ 미장 마감한 황토벽에 주방을 설치할 부분만큼 타일작업을 하고 있다.

03

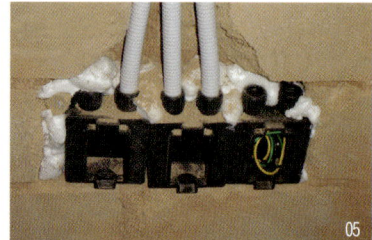

01_ 작은 규모의 방에 부토를 두껍게 하여 한 번의 불때기로 3일 동안 온기를 유지할 수 있다.
02_ 개자리 부분은 미장 면바르기를 한다.
03_ 구들돌은 현무암을 사용했다.
04_ 불길의 방향을 잡고 있다.
05_ 따따시 시공 전에 바닥 수평을 잡고 단열재를 먼저 깐다.
06_ 단열재 위에 따따시 금속온돌강판을 조립하고 벽을 뚫어 온수배관을 연결하고 있다.
07_ 따따시 온돌판 위에 엑셀파이프를 배관한다.
08_ 방바닥을 바르기 위해 진흙을 반죽한다.
09_ 진흙을 배합하면서 접착력을 보강하기 위해 해초 삶은 풀을 쓰기도 한다.
10_ 친환경 황토로 1차 미장하고 있다.
11_ 정벌 미장을 하고 서서히 온도를 올려 말린다.
12_ 방 한쪽에 현대온돌의 분배기를 고정한다.
13_ 함실아궁이를 축조하면서 이맛돌을 설치하지 않고 아궁이를 완성한 후 아치형의 벽돌을 쌓아 이맛돌을 대신한다.
14_ 구들이 완성되면 약한 불로 서서히 말린다.

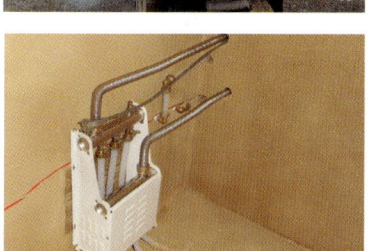

곡선의 미가 더해진 하늘나리와 솔나리 건물 외부모습이다.

강화 테라롯지 흙집 펜션_하늘나리
# 3. 손수 빚어 지은 흙집

흙과 나무, 전통과 현대가 어우러져 하나의 예술작품으로 승화한 흙집 펜션이다. 테라롯지 흙집 펜션의 본채인 하늘나리와 참나리, 땅나리는 실별로 서까래가 한곳으로 모이는 모임지붕의 형태를 띠면서 전체적으로 하나의 곡선 지붕으로 이루어진 흙집이다. 황토를 손수 빚어 흙집을 짓기 위해서는 많은 노력이 필요하다. 그 노력의 시작은 기존 흙집의 부실한 기초공사를 보완하는 것으로부터 시작했다. 땅을 조금 파고 돌을 둘러 기초공사를 마무리 했던 집과는 다르게 기초는 동결선인 60cm 이상으로 땅을 깊게 파 철근을 엮고 콘크리트를 사용해 지진이나 태풍과 같은 자연재해에 대비했다. 기초공사를 단단히 한 다음 공사 중에 비가 오면 황토벽이 빗물에 무너지는 것을 방지하기 위하여 본채 건물보다 더 넓고 큰 임시 비닐하우스를 만들어 덮어씌웠다. 동네 사람들이 모두 모여 황토를 손수 빚어 벽체를 쌓아 올리기 시작했다. 기계가 대신할 수 없는 정교한 작업이었기에 손수 빚은 황토는 스무 명의 손에서 손으로 옮겨지며 공사를 하는 진풍경이 매일 벌어졌다. 황토 뭉치를 어느 정도 쌓은 다음에는 나무기둥을 세우는 작업이 이어졌다. 여러 장정이 기계를 이용해 적절한 곳에 하나씩 세워갔다. 세워진 기둥 사이로 황토벽돌을 채우고 그 사이에 목심을 박으며 공사는 계속되었다. 이렇게 하여 벽체를 완성하고 올린 서까래는 심신의 건강을 고려해 좋은 편백나무만을 골라서 사용했다.

## 황토집
### 140㎡(42평)

| 위　　　치 | 인천시 강화군 화도면 동막리 66-4 |
| 건물형태 | 황토주택 |
| 대지면적 | 980㎡(297py) |
| 건축면적 | 140㎡(42py) |
| 건축설계·시공 | 건축주 직영 |

대문 앞 나무기둥, 서까래, 기와의 삼박자가 멋스럽게 어울린다.

하늘나리 본채의 실내는 자연 그대로의 도랑주를 이용하여 주방의 곡선과 화장실의 직선 문틀이 서로 대조를 이루면서도 조화롭다. 천장의 서까래는 우산살 모양으로 안정감 있게 펼쳐져 있고, 입구 왼쪽 벽을 와인병으로 흥미롭게 장식하여 흙집의 편안함에 현대적인 감각을 더했다. 또한, 돋보이는 팔각창문, 곡재 선반과 목심이 황토벽과 잘 어우러져 자연스럽고 편안한 느낌을 준다. 현관 벽에는 나무선반을 만들어 화분을 올려놓고 인테리어 효과를 냈다. 주방과 거실은 곡선의 나무기둥으로 공간을 분리하고 빈티지함이 살아있는 아일랜드풍의 주방가구를 손수 만들어 배치했다.

멋스러운 문양이나 글자도 넣어 디자인했다. 입구 천장에 새겨진 삼족오(三足烏) 문양이나 용(龍)자도 인테리어에 중요한 몫을 한다. 방사형의 서까래가 모이는 천장을 마무리하는 찰주에는 용(龍)자를 써넣었다. 상량문이 있는 대들보에 용(龍)자, 귀(龜)자를 써넣었는데 이는 물을 좋아하는 용과 거북을 대들보에 모심으로 하여 화마(火魔)를 눌러 화재를 예방한다는 벽사의 의미가 실려 있다. 이렇듯 곳곳에 놓인 나무 한 조각, 풀 한 포기도 모두 건축주의 애정 어린 정성과 노력으로 완성한 살아 숨쉬는 자연의 흙집 펜션이다.

서까래와 부연이 있는 겹처마로 구성미가 돋보인다.

01_ 편안함을 주는 황토색 하늘나리의 외관이 조경과 어우러져 더욱 돋보인다.
02_ 잔디 위에 깔린 조경석이 하늘나리와 솔나리로 안내한다.
03_ 뒤로는 마니산 첨성단 줄기가 있고 앞으로는 서해가 한눈에 펼쳐져 있다.

좌_ 커플 룸의 철문에도 나무를 덧대어 건물 전체에 통일감을 주었다. / 우_ 곡선으로 이어진 하늘나리 서까래에 매달린 등이 운치를 더한다.

01_ 들어가는 입구 지붕 위의 동바리기둥으로 2층 테라스를 지지한다.
02_ 대문은 전통문양을 살린 쇠 장식으로 했다.
03_ 현관 벽에 나무로 선반을 만들어 화분을 올려놓아 인테리어 효과를 주었다.
　　용(龍)자 모양이 보인다.

01_ 뒷산에서 내려다본 하늘나리의 모습. 시원스러운 바다 전망과 정원에 둘러싸인 하늘나리가 멋진 자태를 뽐내고 있다.
02_ 입구에서 바라본 하늘나리, 솔나리, 아로니아 건물들이 서로 한데 어우러져 풍경을 만든다.
03_ 출입문 앞 포치의 나무기둥 사이로 솔나리 건물이 보인다.

01_ 나무 위에 새가 앉아 있는 모습을 연상하게 하는 솟대다.
02_ 작은 우체통 하나에도 소홀함이 없는 멋이 있다.
03_ 예술적 감각으로 벽돌을 쌓아올리고 기와로 장식한 굴뚝이 하나의 작품이 되었다.
04_ 기와를 맞댄 하늘나리와 솔나리 지붕이다.
05_ 하늘나리, 솔나리의 지붕은 와편으로 마감했다.

01_ 멋스러운 나무기둥과 빈티지한 주방가구, 조명 등의 인테리어가 돋보인다.
02_ 곡선의 나무기둥으로 주방과 거실의 공간을 분리했다. 주방은 빈티지함이 살아있는 아일랜드 풍의 주방가구를 손수 만들어 놓은 것이다.
03_ 다락방으로 올라가는 나무계단과 곡재 선반이 편안하게 어울린다.

01_ 방에 설치한 곡재 선반과 목심이 황토벽과 잘 어우러지는 편안한 느낌을 준다.
02_ 통나무를 이용해 만든 계단이 멋스럽다.
03_ 다락방에서 내려다보이는 계단의 모습이다.
04_ 입구 왼쪽 벽에 와인병 조명을 설치하여 편안함을 주는 흙집에 현대적 감각을 실었다.
05_ 하늘나리로 들어서는 입구에는 나무기둥을 세워 웅장한 느낌을 주면서 다락방 계단의 지지대 역할을 한다.
06_ 방 안에 있는 티룸은 햇살을 받아 따스한 느낌이다.

01_ 아늑한 느낌의 거실 조명이 황토집과 잘 어우러진다.
02_ 2층 천장에서 바라보면 우산살 모양의 서까래가 안정감과 편안함을 준다.
03_ 들어가는 입구 천장에 새겨진 삼족오(三足烏) 문양이다.
04_ 세모 모양의 창문 두 개가 색다른 느낌으로 대칭을 이루고 있다.
05_ 다락방에서 아래층을 연결해주는 계단과 벽체의 목심이 조화롭다.
06_ 팔각창문이 돋보이는 방의 인테리어이다.
07_ 빈티지한 나무문에 친환경 페인팅이 인상적인 문이다.
08_ 다락방의 햇살이 방과 어우러져 더욱 따스한 느낌을 준다.

01_ 거실에 누워 천장을 바라보면 장식적인 서체로 쓰여진 의미있는 상량문 글귀가 한 눈에 들어온다.
02_ 나무로 직접 짜 넣은 침대와 방이 일체감을 이룬다.

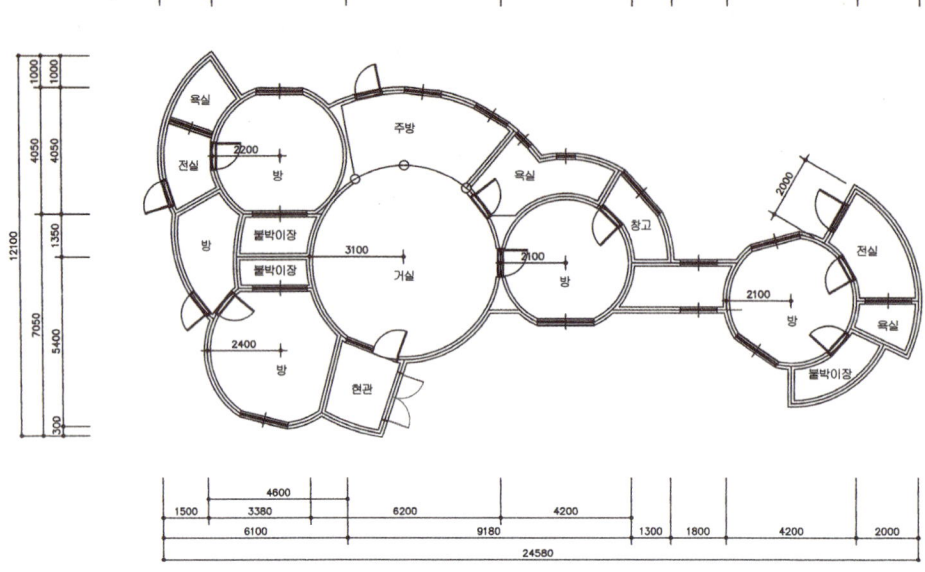

하늘나리 · 솔나리 평면도

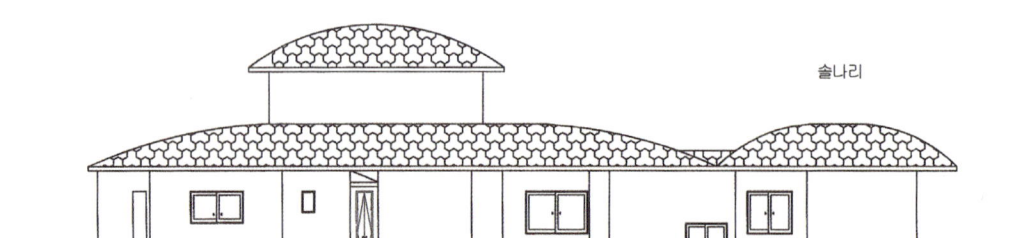

하늘나리 · 솔나리 측면도

## 하늘나리 시공과정

황토 반죽을 메주처럼 하나하나 손으로 뭉치고 빚어서 벽체를 쌓아 올려 지은 황토집 하늘나리 펜션 을 짓는 시공과정이다.

01_ 기초 후에 황토 반죽으로 단을 쌓으면서 높이를 맞춰 문틀을 세운다.
02_ 황토 반죽을 적당한 크기로 빚어 벽체를 쌓는다.
03_ 벽체의 두께는 50cm로 한다.
04_ 통나무를 벽체 사이에 넣는다.
05_ 통나무와 통나무 사이를 연결한다.
06_ 비 가림을 위해 비닐하우스 안에서 작업하는 모습. 반죽한 황토를 적당한 크기로 빚는다.
07_ 빚은 황토를 던져 벽체를 쌓는다.
08_ 반죽한 황토를 빚고 있다.
09_ 문틀과 창틀로 쓸 나무를 미리 치목하여 보관한다.
10_ 기둥을 세운다.
11_ 황토를 쌓아올리면서 흙벽을 다듬고 전기배선을 한다.
12_ 질 좋은 황토도 중요하지만, 황토는 여러번 치대면 치댈수록 차지는 성질이 있다.
13_ 황토로 벽체를 쌓아올린 후 벽을 평평하게 다듬는다.
14_ 주방이 위치하는 내부에 문틀을 세운다.

강화 테라롯지 흙집 펜션 하늘나리 | 3장 황토집 사례별 시공과정 | 109

01_ 벽사이에 하늘나리 현관의 원형 전망창과 장식장을 묻었다.
02_ 뭉친 황토를 위에서 내려치면서 쌓고 있다.
03_ 뭉친 황토를 던져 전달하고 있다.
04_ 뭉친 황토를 쌓아올려 벽체가 거의 완성되어 가고 있다.
05_ 자연 그대로의 도량주를 이용해 만든 하늘나리 본채 주방의 문틀과 직선의 화장실 문틀이 대조를 이루면서 조화롭다.
06_ 안방 문틀과 전면창의 모습이다.
07_ 벽체가 거의 완성되어 갈 즈음 비닐하우스 철거 작업이 병행되었다.
08_ 테라롯지 흙집 펜션의 본채인 하늘나리와 참나리, 땅나리가 하나로 이어져 완성되어가는 모습이다.
09_ 지붕에 향이 좋은 편백으로 만든 서까래를 설치한다.
10_ 방사형으로 배치된 서까래가 모이는 천장에 마무리 장식으로 설치할 찰주에 쓴 용(龍)자이다.
11, 12_ 상량이 올라갈 대들보에는 용(龍)자, 귀(龜)자를 써넣는데 이는 물을 좋아하는 용과 거북을 대들보에 모심으로 하여 화마(火魔)를 눌러 화재를 예방하고자 하는 의미이다.
13_ 본채 대들보에 상량문이 보인다.
14_ 실별로 서까래가 한곳으로 모이는 모임지붕의 형태를 띠면서 전체적으로는 하나의 지붕을 이룬다.

01_ 서까래, 개판작업을 끝내고 마무리 한다.
02_ 보온덮개 작업 후 마사토로 보토한다.
03_ 방수포로 작업한 후의 모습.
04_ 대들보의 중앙에 설치하여 모임지붕을 마무리할 대공을 미리 치목하여 보관한다.
05_ 크레인으로 대들보에 대공을 설치한다.
06_ 지붕의 기와 작업과 2층 다락방 벽체 작업을 병행하고 있다.
07_ 다락방에 편백나무로 만든 서까래를 올린다.
08_ 지붕이 마무리되어가는 모습이다.
09_ 다락방 지붕에 마사토로 보토했다.
10_ 황토가 마르면서 벌어진 틈새를 진흙으로 메운다.
11_ 외부의 윤곽이 드러난 하늘나리의 웅장한 모습이다.

강화 테라롯지 흙집 펜션 아로니아
# 4. 선입견을 극복한 흙집 펜션

서해의 풍광과 황토 빛의 소박함이 깃든 2층 구조의 아로니아는 자연과 사람이 소통하는 집을 생각하며 지은 흙집 펜션이다. 황토벽돌로 벽체를 만들고 서해의 거친 바람에 말린 편백나무를 사용하여 실내는 나무 향이 가득하다. 생활 목공을 통해 직접 제작한 친환경 가구가 곳곳에 놓여있다. 아로니아는 흙집을 현대주택의 새로운 형태로 한 단계 발전시킨 좋은 사례이다. 주요 핵심은 '흙집은 건강에는 좋지만, 왠지 궁색해 보이고 유지관리나 생활하기에 불편하다.'라는 선입견을 떨쳐버리게 하는 것이었다. 나무의 장점을 살려 공예의 감성을 깊이 있게 살리고, 현대적 감각의 색감으로 인테리어에 변화를 시도하면서 전통요소와 서로 조화롭게 매치시켜 생활에도 전혀 불편함이 없는 완전한 흙집이 탄생했다.

테라롯지 흙집 펜션의 하늘나리 공사를 마무리하고 이어서 아로니아 공사가 시작되었다. 아로니아는 손수 빚은 황토로 벽체를 쌓아 올리는 대신 미리 제작된 황토벽돌을 사용해 공사를 편리하게 하고, 지붕재는 흙집과 어울리는 적갈색 성글을 이용하여 유지관리가 쉬우면서 경제적인 집이 되었다. 하늘나리와 땅의 높이 차가 있어 먼저 높

# 황토집
## 149㎡(45평)

| 위　　치 | 인천시 강화군 화도면 동막리 66-20 |
| --- | --- |
| 건물형태 | 황토주택 |
| 대지면적 | 1,080㎡(327py) |
| 건축면적 | 149㎡(45py) |
| 건축설계·시공 | 건축주 직영 |

서해의 풍광과 황토빛의 소박함이 깃든 2층 아로니아 전경

이를 맞추어 평평하게 토목공사를 완료한 후, 땅을 파고 철근과 콘크리트로 안전하게 기초공사를 마무리하였다. 기초공사가 끝난 후 기둥과 문틀을 세우고 기둥 위에 대들보, 도리, 서까래를 결구한 목구조에 흙벽돌로 2층 구조의 황토집을 완성하였다.

아로니아는 1, 2층 모두 현대식 화장실과 주방을 갖추어 공간의 편리성을 도모하고, 1층의 넓은 거실에는 옛집의 대청마루 같은 느낌이 들도록 서까래가 노출된 연등천장을 했다. 한쪽에는 벽난로를 설치하여 실내분위기에 운치를 더하고, 2층으로 올라가는 계단 난간 위에 직접 만든 선반을 설치하고 전통문양의 만살로 벽등을 달았다. 2층 주방은 나무기둥과 곡재 선반을 이용해 예술적인 멋을 연출하고 천창을 설치해 전체적으로 밝은 분위기를 살렸다. 일자형 공간에는 직접 짜 맞춘 주방가구를 배치해 실용적으로 인테리어 효과를 극대화했다.

정원에는 철 따라 피고 지는 야생화가 사람의 눈과 마음을 즐겁게 해준다. 서해의 전망을 한눈에 내려다볼 수 있는 흙집 펜션 아로니아는 찾은 이들의 기억 속에 좋은 추억으로 오래도록 남을 만한 곳이다.

1층 방 천장은 모임지붕으로 서까래의 노출이 멋스럽다.

01_ 하늘나리 2층에서 바라본 아로니아 모습이다.
02_ 나무기둥 위로 천장에 천창이 있어 조명역할을 톡톡히 한다.
03_ 대문 앞에 조경석과 잔디가 잘 어울린다.

01_ 넓게 만들어진 창문들이 시원해 보이는 아로니아 펜션이다.
02_ 잔디에 깔아 놓은 맷돌 모양의 조경석이 아로니아 대문으로 안내한다.
03_ 아로니아로 들어가는 포치에 세워진 도랑주 사이로 정원이 펼쳐져 있다.
04_ 둥글게 처리된 외부의 모습에서 황토집의 새로운 멋을 발견하게 된다.

아로니아, 수영장, 그리고 팔각정이 주변 조경과 잘 어우러진다.

뒷산 나무들 사이로 수영장과 아로니아 펜션이 보인다.

좌_ 거실 창에서 내다 보이는 외부 모습이다. / 우_ 방 문얼굴을 통해 바라본 정원의 모습은 아름다운 한 폭의 그림이다.

01_ 재치있는 발상으로 통나무 가운데를 파서 만든 원형 창의 멋진 모습이다.
02_ 서해가 시원스럽게 내려다 보이는 테라스의 전망이다.
03_ 높은 천장과 벽난로가 설치되어 있어 운치를 더한다.
04_ 거실에 넓은 창과 은은한 조명이 돋보인다.
05_ 대들보 위로 짧고 간단한 동자대공을 세웠다.

01_ 나무로 만든 경사진 천장이 멋스럽다.
02_ 2층으로 올라가는 계단 옆 장식들과 전통문양의 만살 벽등이 아름답다.
03_ 2층으로 올라가는 계단 옆에 선반을 만들어 장식하였다.
04_ 흙집과 잘 어울리는 조명등이다.
05_ 화장실 입구 옆모서리에 설치한 나무 모양의 선반에서도 재치 있는 인테리어 감각을 느낄 수 있다.
06_ 2층 주방은 일자구조의 실용적인 공간으로 꾸미고 직접 짜 맞춘 주방가구로 인테리어 효과를 냈다.
07_ 2층 방 천장으로 돌고래 모양의 나무를 올렸다.

01_ 주방 위에 서까래와 부연이 있는 겹처마를 올려 집 안에 집이 있는 형태이다.
02_ 주방에 설치된 홈바로 조리 및 식사 때 편리하게 이용한다.
03_ 나무기둥과 곡재 선반을 이용한 인테리어 아이디어가 돋보인다.
04_ 사선으로 디자인된 천장과 창문이 조화롭다.
05_ 쪽마루와 연결된 화분 받침대이다.
06_ 황토집에는 흙색과 어울리는 적갈색 쉬글을 이용하면 무난하다.

07_ 창과 나무침대에서 소박함과 편안함이 느껴진다.
08_ 입구에 마련된 빈티지 테이블이 아기자기함을 더한다.
09, 10_ 거실에 있는 전통문양의 만살 벽등에 매난국죽(梅蘭菊竹)의 사군자를 그려 넣어 더욱 더 멋진 전통미를 살렸다.

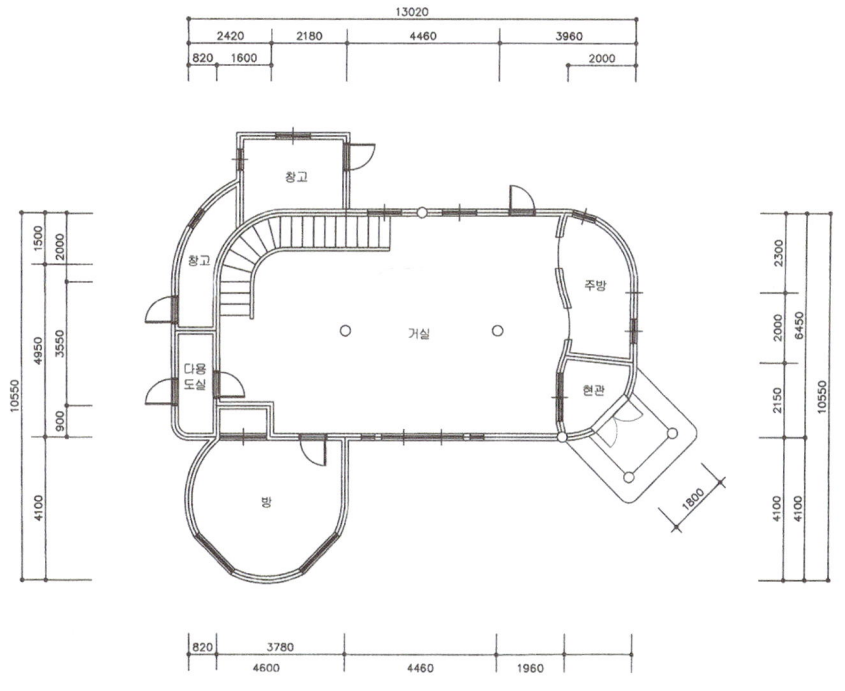

아로니아 1층 평면도

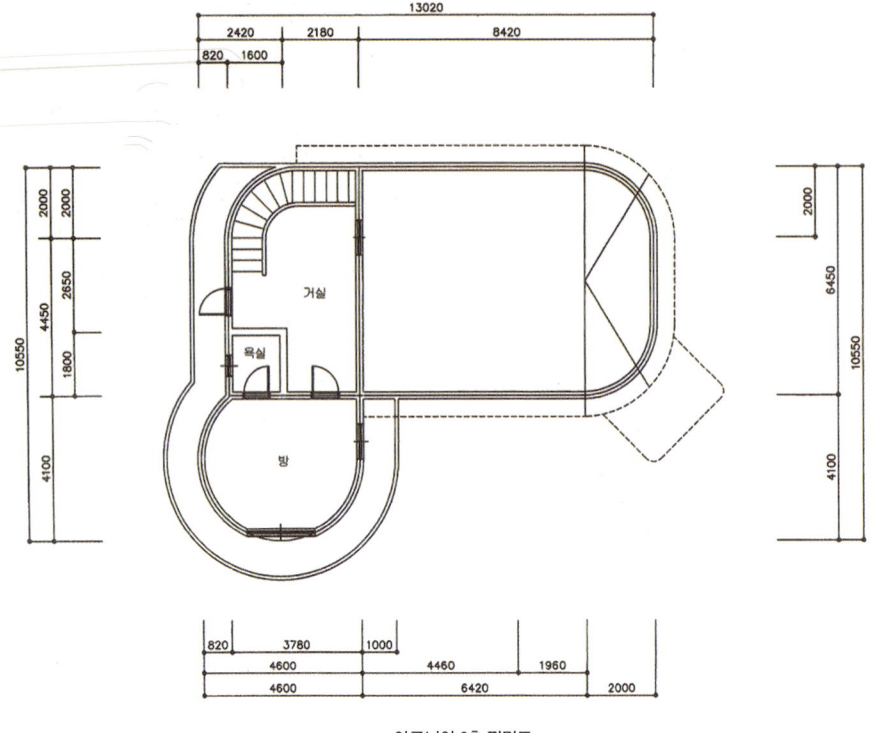

아로니아 2층 평면도

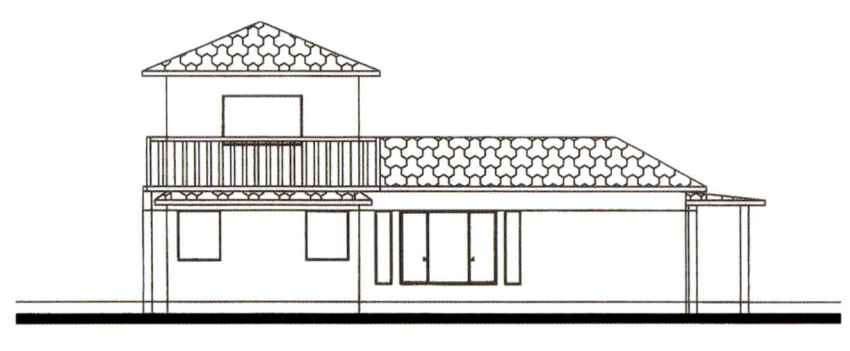

아로니아 측면도

## 아로니아 펜션 시공과정
흙벽돌을 쌓아 흙집 펜션을 짓는 시공과정이다.

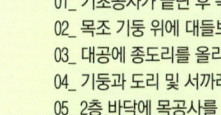

01_ 기초공사가 끝난 후 목조기둥과 문틀을 세운다.
02_ 목조 기둥 위에 대들보를 얹고 중앙에 대공을 세워 종도리(마룻대)를 올린다.
03_ 대공에 종도리를 올리고 있다.
04_ 기둥과 도리 및 서까래를 결구하여 뼈대가 드러난 골조의 모습.
05_ 2층 바닥에 목공사를 한다.
06_ 2층 테라스를 만들고 있다.
07_ 흙벽돌을 쌓아올린 위에 대들보와 서까래 찰주(서까래들을 하나로 연결해 주는 나무쐐기)로 엮어진 내부 모습이다.
08_ 펌프카로 2층 바닥에 콘크리트를 타설하고 있다.
09_ 2층에 종도리를 얹고 있다.
10_ 목구조에 흙벽돌로 지은 2층 구조의 황토집의 윤곽이 튼실해 보인다.
11_ 흙벽돌 위로 지붕이 완성된 모습.
12_ 지붕 마감작업이 한창이다.
13_ 서해의 풍광과 황토 빛의 소박함이 깃든 2층 흙집 아로니아와 수영장의 모습이 평화롭다.

전 주인이 조경업을 했던 장소로 여러 종류의 조경수와 야생화가 가득한 집이다.

태안 법산리주택
# 5. 정신적인 공간, 황토구들방

연세 지긋한 목사님 내외가 왕성한 사회활동을 뒤로하고 조용하고 공기 좋은 곳을 찾다 이곳에 정착하게 되었다. 손님과 제자들이 많이 찾아오는 공간이다 보니 잠시나마 몸을 쉬어갈 수 있는 건강에 좋은 작은 황토구들방 하나 만들기를 원했다. 기도하는 방으로 쓰고 있는 황토구들방은 모가 나지 않고 하나를 의미하는 둥근 원형의 건물이다. 겸손함을 배우고 자신을 비워 흙에서 새로 태어난다는 의미 깊은 곳이다.

흙이란 참으로 신비로운 능력을 지니고 있다. 자기 안에서 모든 것을 변화시켜 열매를 맺게 한다. 밀알 하나가 땅에 떨어져 죽지 않으면 한 알 그대로이나, 그 밀알이 땅속에 묻혀 죽으면 그 속에서 새싹이 나오고 그 싹이 자라 많은 열매를 맺는다. 이런 의미에서 흙은 생명이다. 황토 1g 속에는 약 2억~2억 5천 마리의 미생물이 살고 있어 다양한 효소들이 복합적으로 순환작용을 일으킬 뿐만 아니라, 인체에 유익한 원적외선을 방출하여 생명력, 해독력, 흡수력, 자정력 등이 뛰어나 황토는 말 그대로 살아있는 생명체와 같다. 이런 황토로 만든 흙집기도방은 흙 속의 밀알처럼 신도들을 스스로 변화시키는 정신적인 공간으로 활용하고 있다.

흙집기도방은 3평(9.9㎡) 규모로 원형의 홑처마 모임지붕이다. 기둥이 없는 구조로 벽체는 황토벽돌로 두껍게 하고 천장은 원목을 이용하여 우물 정(井)자 형태의 모양을 내고 그 위에 순황토를 두껍게 올려 단열처리를 했다. 건

## 황토집

### 9.9㎡ (3평)

| 위　　　치 | 충청남도 태안군 소원면 법산리
| 건축형태 | 황토주택
| 대지면적 | 888㎡(269py)
| 건축면적 | 9.9㎡(3py)
| 건축 및 구들설계·시공 | 유민구들흙건축

황토구들방은 3평(9.9㎡) 규모의 홑처마 모임지붕이다.

물 외관은 눈비로부터 보호하면서 숨 쉬는 집을 위해 마지막 단계인 벽체미장 시에는 황토와 모래에 25kg의 찹쌀풀을 혼합하여 사용했다. 원형 주택구조는 미관상 아름답고 실내는 심적으로 안정감을 주어 마음을 수련하고 치유하는 공간으로는 제격이지만, 살림집으로는 공간의 효율성이 떨어지고 시공 공정이 복잡하여 공사비가 많이 든다. 또 원형 건물은 일반주택과 달리 구들을 시공할 때도 좀 더 세심한 주의가 필요하다. 고래의 배치도 쉽지 않고 구들돌 자재의 손실도 크다. 허튼고래로 시공하면 부재를 줄이고 시공은 쉽지만, 불길의 배합과 열기의 저장이 쉽지 않다는 단점이 있다. 이 때문에 본 건축물에는 줄고래구들 방식을 적용하고 연도를 길게 빼서 굴뚝을 건축물에서 멀리 배치하여 굴뚝 하나만으로도 작품이 될 수 있도록 정성을 드렸다.

조경업을 했던 전주인 덕에 마당에는 각종 조경수와 야생화가 풍성하게 한 데 어우러져 있다. 그 사이 모락모락 피어오르는 옹기 굴뚝의 연기를 바라보고 있노라면 마치 정겹고 그리웠던 고향 집에 온 것 같은 기분이 들어 서정적인 시상까지 떠올리게 하는 운치 있는 곳이다. 이곳 사모님과의 오랜 인연으로 시작하게 된 황토구들방 만들기는 작업 내내 마음씨 고운 사모님이 직접 차린 정성 어린 식단과 따뜻한 배려로 오래도록 좋은 추억으로 남아 있는 곳이다.

단환의 문고리를 배목에 걸었다.

01_ 원형의 주택구조는 심적으로 안정감을 주어 정신적인 공간으로 제격이다.
02_ 간접조명과 황토가 어우러져 따스함이 느껴진다.
03_ 우물 정(井)자 형태의 천장에 불빛이 은은하다.

좌_ 출입구 위에는 원형건물과 어울리는 등을 달았다. / 우_ 쪽마루를 이단으로 처리하여 계단을 대신하고 있다.

01_ 아늑한 분위기의 방에 차탁이 놓여 있다.
02_ 서까래 사이에 판재로 개판을 깔았다.
03_ 문설주를 목재 대신에 황토벽돌로 마감했다.

01_ 연통 대신 옹기를 이어 올려 만든 옹기굴뚝이다.
02, 03_ 굴뚝은 연도를 길게 빼 건축물과 멀리 설치하고 하나의 작품으로 승화했다.

01_ 흙벽에 미리 박아 놓은 목심에 각목을 연결하여 선반을 만들었다.
02_ 채광을 위해 작은 원형의 스테인드글라스를 설치했다.
03_ 황토벽돌로 모양을 내면서 단을 분리하여 올라오는 습기를 차단한다.
04_ 부뚜막이 없는 함실아궁이를 만들었다.
05_ 철재로 만든 아궁이 불문.
06, 07_ 함실아궁이에 불을 지폈다.

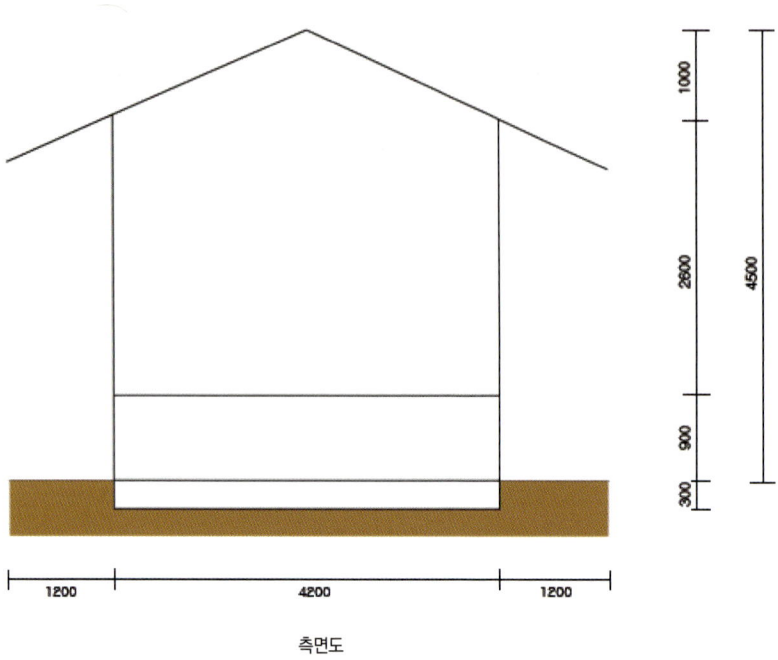

측면도

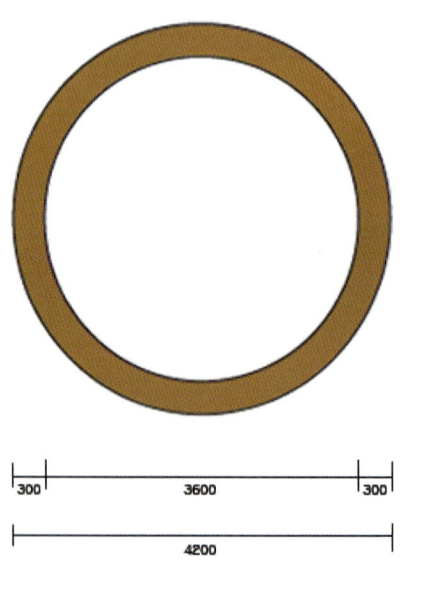

평면도

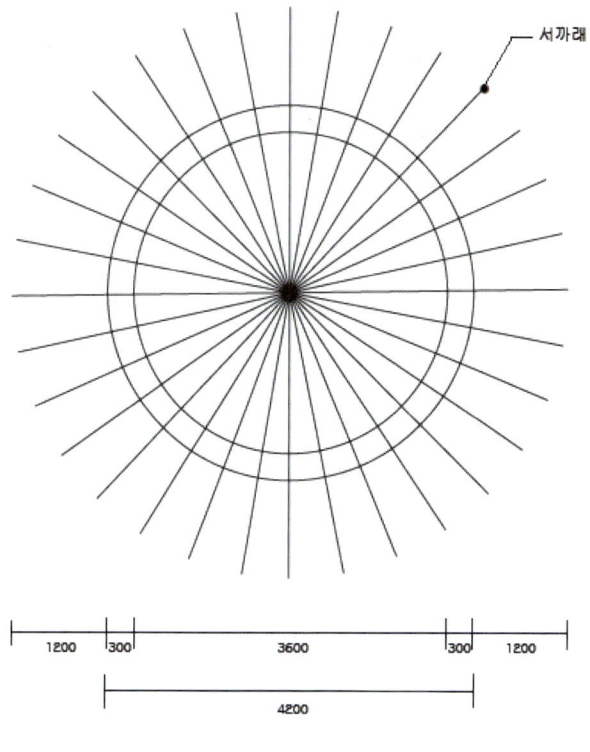

지붕 평면도

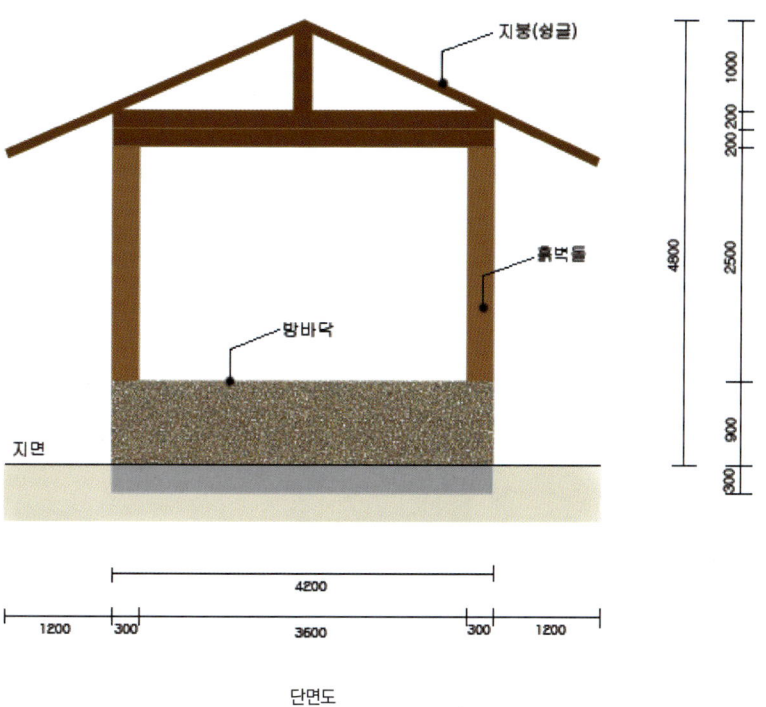

단면도

## 황토방 시공과정

이 건물은 기둥이 없는 원형 모임지붕으로 기둥 대신 황토벽돌로 두껍게 벽체를 쌓고, 천장은 원목으로 우물 정(井)자 모양을 만들고 그 위를 황토로 덮어 단열처리 한 3평짜리 조그만 황토방이다.

01_ 황토벽돌, 황토, 모래 등 자재를 작업하기 좋은 위치에 반입한다.
02_ 원형으로 짓는 건축물은 수평과 수직을 잡기 위해 중앙에 수직대를 단단히 고정하고 원을 돌리면서 벽돌쌓기를 한다.
03_ 벽돌을 차례대로 쌓는다.
04_ 황토벽돌 접착용으로 순황토와 모래를 혼합한 진흙을 만든다.
05_ 황토벽돌로 고정한 외부 문틀에 진흙을 사용하여 접착하면서 쌓는다.
06_ 콘크리트 기초 위에는 점토벽돌을 이용하여 콘크리트에서 올라오는 습기를 1차로 차단한다.
07_ 도면에 맞추어 창틀을 고정한다.
08_ 황토벽돌은 마구리쌓기로 벽체를 일체화하고 진흙과 된흙을 사용하여 빈틈이 없도록 꼼꼼히 쌓는다.
09_ 벽돌쌓기 하면서 포인트로 외부를 볼 수 있도록 토관을 묻었다.
10_ 남은 목재로 벽체에 목심을 박아 작은 소품을 올려 놓는 선반으로 사용할 수 있다.
11_ 벽돌쌓기를 완료한 모습.

01_ 창틀 위에도 벽돌을 올려 잘 고정한다.
02_ 벽돌쌓기가 완성되면 도리를 올리고 목재를 이용하여 첫 단을 만든다.
03_ 첫 단이 완성되면 다양한 모양의 천장을 만들 수 있다.
04, 05_ 천장 작업이 완성되면 다시 황토벽돌을 쌓아서 서까래를 걸 수 있도록 높이를 맞춘다.
06_ 서까래를 도면대로 배치해 놓고 차례대로 건다.
07_ 서까래가 걸리면 서까래 끝 선에 평고대를 잘 고정한다.
08_ 모임지붕의 틀을 완성한다.
09_ 판재로 서까래 위에 개판을 덮는다.
10_ 처마에 판재를 올릴 때는 밑 부분은 대패질하여 깨끗하게 올린다.
11_ 서까래 사이로 순황토를 올려 단열처리하고 건강에 좋은 황토방을 만든다.
12_ 지붕작업이 완성되면 벽돌 사이를 꼼꼼히 막아서 미장하기 좋은 상태로 만든다.
13_ 천장 위와 지붕 사이의 공간에 환기구를 설치해 황토가 항상 숨을 쉬며 순환할 수 있도록 한다.
14_ 천장은 우물 정(井)자 모양으로 만들었다.

## 구들공사

고래는 줄고래구들 방식으로 하고 굴뚝은 연도를 길게 빼서 건축물과 멀리 떨어져 있으면서 독립적으로 하나의 작품이 될 수 있게 했다.

01_ 아궁이를 만들기 위해 바닥을 평탄하게 고르고 기초작업을 한다.
02_ 고래개자리를 견고히 쌓는다.
03_ 굴뚝으로 가는 연도로 코팅된 200mm 강관을 미리 묻어 놓는다.
04_ 고래를 쌓고 구들장을 올린다.
05_ 아랫목 부분은 복층으로 구들장을 올리고 나머지는 차례로 덮는다.
06_ 구들돌을 꼼꼼히 덮어서 완성한다.
07_ 구들돌 덮기를 완성하고 임시불때기를 한다.
08_ 연기가 새는지 확인하고 새는 부분이 있으면 진흙으로 사춤한다.
09_ 부토를 하고 자근자근 밟아 다져 초벌바름을 한다.
10_ 벽 바르기 전에 전기배선기구 등을 미리 고정한다.
11_ 벽을 바르기 위해 풀을 쑨다. 본 현장은 찹쌀풀을 사용했는데 점도는 좋으나 곰팡이가 생기기 쉬우므로 바른 후에는 빨리 건조시켜야 한다.

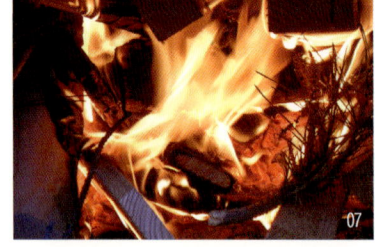

01_ 생황토와 모래, 찹쌀풀을 같이 배합한다.
02_ 초벌 바르기 작업을 한다.
03_ 초벌 바르기가 완전히 마르기 전에 정벌 바르기 한다.
04_ 아궁이에 계속 불을 넣어 초벌 바른 바닥이 마르면 정벌 바르기 하여 마감한다.
05_ 외부 바르기는 흙손으로 바르지 않고 손으로 거칠게 발라 마감한다.
06_ 기초 부분은 시멘트로 마감할 수도 있다.
07_ 아궁이를 마감한다. 점토벽돌로 아치형 이맛돌을 만들면 구들돌 보다 외관이나 기능 면에서 훨씬 보기 좋다.
08_ 굴뚝개자리와 연도를 연결한다.
09_ 굴뚝을 마무리 짓는다.
10_ 불을 때서 구들을 말린다.
11_ 굴뚝 연기의 흐름을 확인하고 구들이 마르면 장판을 바르면 된다.

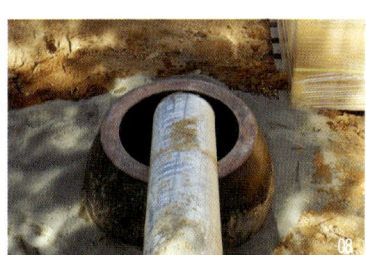

주차장과 잔디밭, 집이 잘 어울려 한 폭의 그림이다.

양평 목왕리주택

# 6. 고비용을 해결한 반축공사

집은 자연과 소통하는 건강한 집이어야 한다고 굳게 믿고 있는 건축주는 미래에도 청정지역으로 남을 양평에 집터를 마련하였다. 건물의 형태는 한옥을 염두에 두고 한옥의 장점은 살리면서 고비용과 단열문제 등 한옥의 단점들을 어떻게 풀어가야 할지 오랫동안 고심하며 평면도를 준비하여 업체를 찾아 나섰다.

전통한옥은 기둥과 기둥 사이에 심벽방식으로 흙을 쳐서 벽체를 구성하다 보니 나무와 흙이 수축하면서 생기는 기둥 사이의 틈으로 밖이 내다보일 정도로 단열문제가 심각하다. 한옥이 현대인의 살림집으로서 위상을 확보하려면 이런 단점을 충분히 보완하여 현대인의 라이프스타일에 맞는 한옥으로 변화해야 한다. 현대의 건축적 요소를 반영한 각 공정의 전문화와 공정의 유기적 결합이 가능한 시스템화도 필수적이다. 또한, 기초공법을 비롯하여 가구(架構)법, 흙벽 만드는 과정, 입식 주방과 화장실의 내부화에 따른 수도 및 하수·오수의 배관, 전기·통신·유선 장치 등 현대주택으로서 한옥에 필수불가결한 요소들이 많이 있다. 이런 요소들의 기능화 문제를 어떻게 한옥의 틀에 담아낼 것인가가 관건이다.

전통한옥의 장점은 살리고 단점을 보완하려는 건축주의 오랜 고민은 채세움을 만남으로써 해결할 수 있었다. 스케치업 프로그램을 이용해서 입체도면을 만들면 사전에 목재를 가공할 수 있다는 점과 숯 단열벽체인 전통단열외(檃)로 단열문제와 구조적인 문제를 해결할 수 있다는 실마리를 찾았다. 전통단열외(檃)란 한옥 벽체방식의 하

## 황토집
### 119㎡(36평)

| 위　　치 | 경기도 양평군 양서면 목왕리 |
| 건축형태 | 한식목구조주택 |
| 대지면적 | 561㎡(170py) |
| 건축면적 | 119㎡(36py) |
| 건축설계·시공 | ㈜채세움 |

나무로 만든 파고라와 동선을 이어주는 디딤돌, 그리고 한식목구조의 개량한옥이 멋스럽다.

나인 외엮기 방식을 진화시킨 것이다. 흙벽에 수직, 수평, 좌굴하중에 대응하는 대나무, 목재 등 보강재를 사용하여 지지틀(프레임)을 만들고 지지틀 내부에 왕겨, 숯 등 단열재를 채운 후 양쪽에 외(椳)를 부착하는 숯 단열벽체는 구조적으로 각종 하중에 안전하고 단열성능도 우수하다.

건축주의 결심으로 여러 해 동안 고심해서 준비한 평면도를 바탕으로 스케치업 입체도면을 그렸다. 그리고 그 도면에 따라 공장에서 사전에 목재를 치목하여 제작한 목골조와 숯단열벽체, 숯단열지붕판을 현장으로 옮겨 기둥을 세우고, 골조, 벽체, 지붕판은 크레인을 이용해 4~5일만에 반축공사를 끝낼 수 있었다.

지붕 위에 방수시트를 씌우고 목구조에 오일스테인 도장과 이어서 전기공사와 수도배관 등 설비작업을 마치고 창호틀을 설치한 후 미장에 들어갔다. 미장은 초벌미장과 정벌미장 그리고 외벽은 회벽미장을 했다. 미장작업이 끝난 다음 지붕에 기와를 올리고 내부에 난방설비와 인테리어, 외부조경을 하여 집을 완성했다.

건축주는 채세움을 만나 한옥의 이로움과 장점은 취하고 가장 고심했던 단열과 고비용 등의 문제점을 한 번에 합리적으로 해결하여 개량한옥에 대한 자부심이 대단하다. 목왕리주택은 단열이 잘 되어 겨울 난방비가 다른 일반 전원주택의 절반 정도이고 여름에는 에어컨이 필요 없을 정도로 시원하다. 그뿐만 아니라 주변의 환경과도 잘 어울려 여러모로 만족스럽고 넉넉한 안락한 쉼터가 되었다.

빛이 잘 들어와 따뜻하고 아늑해 보이는 주방이다.

01_ 나무그늘 아래 원두막과 장작, 잘 자란 천사의 나팔과 바람개비가 평화로워 보인다.
02_ 집 뒤로 보이는 소나무와 산이 집을 더욱 돋보이게 한다.
03_ 멀리 보이는 산과 소박한 정원이 잘 어울린다.

01_ 현관 포치와 거실차양을 만들어 비가 들이치지 않도록 했다.
02_ 벽난로에 쓰일 장작을 사용하기 편하게 거실차양 아래 두었다.
03_ 길 좌·우측에 조그마한 텃밭을 만들었다.
04_ 다용도실에서 외부로 출입문을 두고 포치를 만들었다.

01_ 소나무 세 그루가 집의 운치를 더한다.
02_ 현관과 거실이 면한 남쪽으로 데크를 만들어 공간의 활용도를 높였다.
03_ 집 앞 데크에서 정원 쪽을 바라본 풍경이다.

01_ 빛이 잘 들어오는 거실의 전면 창에 길이 조절이 가능한 차양을 설치했다.
02_ 서까래 사이 당골막이를 잘 마감해야 단열에 문제가 없다.
03_ 처마 밑에 서까래와 기둥, 도리, 보의 결구 모습이다.

01_ 다락에서 거실을 내려다본 모습으로 벽난로와 커다란 소파가 안정감을 준다
02_ 거실의 넓은 창이 풍경 좋은 액자를 걸어놓은 듯하다.
03_ 창밖의 소나무를 감상하기 위해 특별히 만든 창이다. 한 폭의 그림을 걸어놓은 것 같다.

01, 02_ 한식목구조 개량한옥에 잘 어울리는 천장등을 달았다.
03_ 기둥에 설치한 벽부등.
04_ 거실에서 보이는 연등천장. 숯단열지붕판에 루버와 서까래가 노출되어 단열과 인테리어 두 가지 효과가 있다.
05_ 층고가 높은 오픈 천장에 벽난로를 설치했다.
06, 07_ 건축주의 인테리어 감각을 느낄 수 있는 소품들이 놓여 있다.

2층 가족실에 있는 책꽂이와 탁자

01_ 현관포치 옆에 벤치를 두어 집 앞의 멋진 풍경을 감상할 수 있다.
02, 03_ 거실에서 올려다본 2층 가족실이다. 종도리와 서까래가 노출된 연등천장이다.
04_ 현관문을 더글러스 원목에 도장하여 나뭇결이 잘 살아나 있다.
05_ 주방에서 바라본 거실. 2층 바닥에 깔린 장선이 보인다.
06_ 계단을 올라 2층 방으로 이어지는 공간이다. 튼실한 목구조가 인상적이다.
07_ 2층 가족실. 열린 거실의 연등천장이 보인다.

08_ 흰색의 싱크대와 아일랜드 테이블을 ㄷ자형으로 배치하여 주방의 동선을 최소화했다.
09_ 주방에서 다용도실로 나가는 문을 유리 미닫이로 했다.
10_ 주방 옆에 다용도실을 충분히 두어 갖가지 물건들을 보관할 수 있게 했다.

01_ 경사지붕으로 서까래와 도리, 보가 노출된 아늑한 침실이다.
02_ 2층으로 올라가는 계단. 계단 오른쪽 화장실에 샤워부스를 설치했다.
03_ 주방 옆의 또 다른 다용도실을 보조 주방으로 활용하고 있다
04_ 밭일에 쓰는 여러가지 도구들이 정갈하게 놓여 있다.
05_ 집주인이 직접 만든 원두막과 닭장이다.
06_ 돌로 만든 탁자와 의자가 자연스럽다.

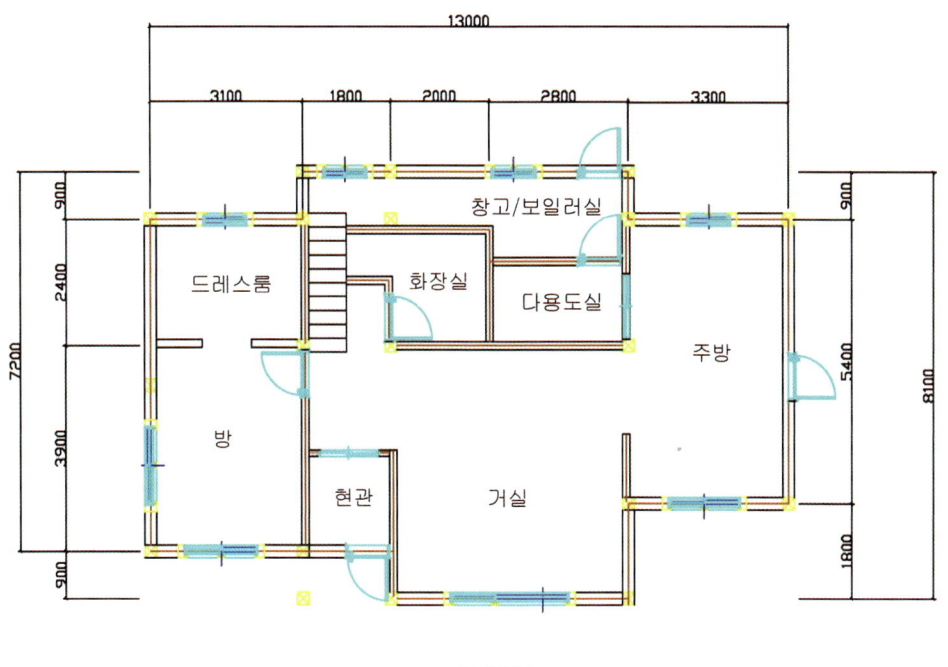

1층 평면도

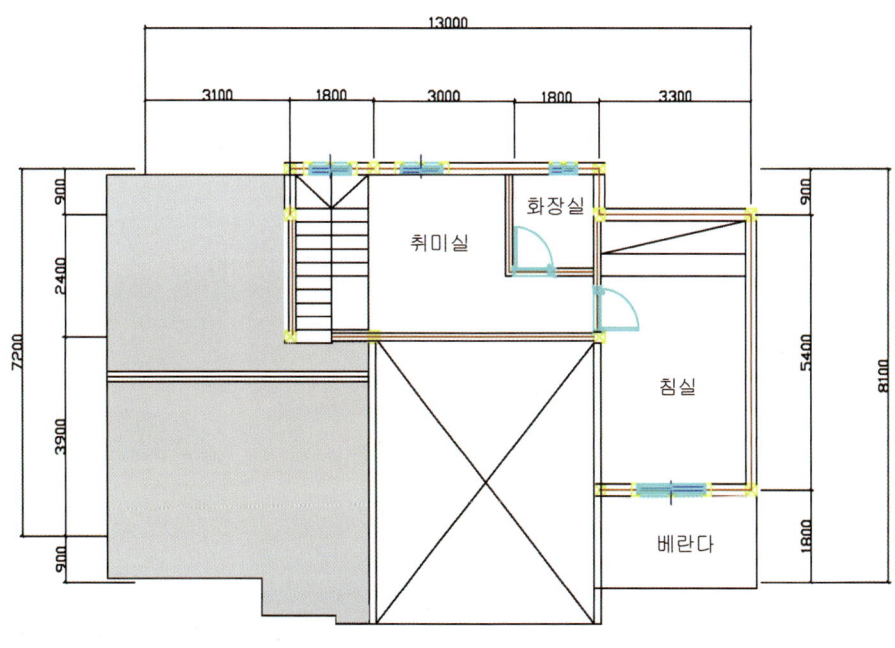

2층 평면도

## 시공과정

사전에 공장에서 제작한 목골조와 숯단열벽체, 숯단열지붕판을 현장으로 옮겨 기둥을 세우고, 골조, 벽체, 지붕판 등은 크레인을 이용해 4~5일만에 반축공사를 진행한 시공과정이다.

01, 02_ 매트기초 위에 골조조립을 시작한다.
03_ 골조 조립 중 2층이 될 자리에 장선과 바닥판을 깐다.
04_ 채세움 특허제품인 서까래가 붙은 숯단열지붕판이다.
05_ 골조에 숯단열벽체를 조립하는 모습이다.
06, 07, 08, 09, 10_ 골조에 숯단열벽체를 조립하고 지붕을 얹기 위해 크레인을 이용하여 골조를 조립 중이다.
11_ 지붕판 조립 전에 직삼각형 모양의 합각을 먼저 조립한다.

01_ 양쪽의 합각을 고정한다.
02, 03, 04, 05, 06, 07_ 지붕판을 크레인으로 들어 올려 조립한다.
08_ 지붕판 조립 후 안에서 보이는 루버와 서까래 모습
09_ 지붕판 조립 시 문제가 없는지 확인하며 조립한다.
10, 11, 12, 13_ 서로 만나는 부분의 지붕판을 정확하게 조립한다.
14_ 지붕판 위쪽에 만들어 놓은 밴트가 보인다.
　　 밴트를 통해서 들어온 공기가 천장을 통해 용마루밴트로 공기의 순환이 이루어진다.

 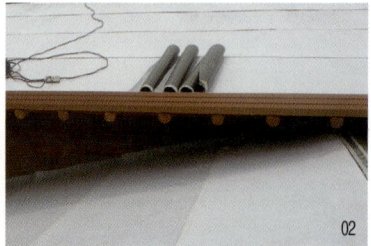 

01_ 지붕판 조립이 끝나고 아래 벽체조립을 준비 중이다.
02_ 지붕판 위에 방수시트를 덮는다. 방수시트는 아래쪽부터 덮어 올라간다.
03, 04, 05_ 반축공사와 지붕 쉥글공사, 물받이 공사를 마무리한 모습이다.
06, 07_ 목재에 오일스테인 도장으로 목재가 변형이 없도록 한다.
08, 09, 10, 11_ 반축공사 후 내부에서 본 천장 모습.
12_ 반축공사 후 현관 모습.
13_ 미장하기 전에 숯단열벽체에 전기설비를 쉽게 할 수 있도록 만들어져 있다.
14_ 미장 전에 숯단열벽체에 수도설비를 한다.

01, 02, 03_ 초벌과 정벌 황토미장. 약간의 갈라짐이 있어야 초벌과 정벌미장이 분리되지 않는다.
04_ 스티로폼으로 바닥단열을 완벽히 하고 그 위에 엑셀로 배관작업을 한다.
05_ 바닥은 시멘트모르타르나 황토모르타르 혹은 황토로 마감한다.
06, 07, 08_ 숯단열벽체에 황토미장을 마친 모습.
09, 10_ 외벽은 회벽마감을 한다. 빗물에 의한 피해를 막을 뿐만 아니라 미관상 목구조주택에 잘 어울린다.

문경 이젠하우스
# 7. 자연의 맛이 있는 황토체험장

1996년 도시생활을 접고 산골로 내려온 주인장 이철우 씨는 비포장도로에 버스도 오지 않는 산속에서 지역특산품을 만들어 보겠다는 결심을 하고 의욕에 찬 귀농을 실천했다. 첫 제품으로 선보인 것이 야산에서 생산되는 감을 이용해 만든 감식초였는데 발효숙성기간이 2년이나 걸려 초기에 어려움을 겪었다. 주변의 산과 들에서 나는 여러 가지 약초와 열매를 채취해 늘 새로운 제품을 연구·생산하면서 긴 세월을 지내왔다. 지금은 감식초 외에도 오미자, 복분자, 구기자, 오디, 솔잎, 머루, 산수유와 생즙 원액, 인진쑥환, 홍화씨환, 여기에 깊은 산 속의 된장, 간장, 청국장까지 자연의 맛을 그대로 살려 갖가지 종류의 건강식품을 생산 판매한다. 가족과 함께 안심하고 먹을 수 있는

오미자

복분자

산수유

## 황토집
### 66㎡(20평)

| 위       치 | 경상북도 문경시 동로면 수평리 |
| 건축형태 | 황토주택 |
| 대지면적 | 210㎡(64py) |
| 건축면적 | 66㎡(20py) |
| 건축 및 구들설계·시공 | 유민구들흙건축 |

처마를 길게 덧달아낸 홑처마 맞배지붕의 황토벽돌집이다.

제품을 만들겠다는 원칙을 고수하면서 제품을 찾는 고객이 꾸준히 증가해 매출도 크게 늘었다. 주인장은 고객에 대한 고마운 마음으로 이곳에 고객들이 찾아와 직접 제품을 만들고 유익한 정보도 함께 공유할 수 있는 친환경 체험공간으로 사용하기 위해 황토체험 실습장을 건축하였다. 기왕이면 체험현장 고객이나 손님들이 건강하고 따뜻한 휴식공간에서 잠시나마 편히 있다 가게 하려는 배려심으로 시작한 것이다.

본 건물은 황토체험장으로 큰 방과 작은 구들방으로 이루어진 흙벽돌집이다. 옛날 보편적인 형태의 집을 떠올리면 흙집은 대개 3칸으로 이루어진 작고 아담한 크기였으나, 현재는 목재를 비롯하여 건축자재의 발달과 공급이 원활해져 크게 지을 수 있는 건축여건이 마련되었다. 이곳의 황토체험장은 20평(66㎡)의 비교적 큰 규모에 벽체 두께는 단열을 고려하여 33cm로 두껍게 처리하고, 기초는 구들방은 줄기초, 나머지 공간은 매트기초로 처리했다. 기초공사 시 잊지 말아야 할 중요한 사항은 아궁이와 굴뚝개구부를 미리 확보해 두는 것이다. 기초를 1.2m 높이로 했을 때 아궁이 개구부의 규격은 바닥면에서 폭 60cm, 높이 90cm가 적당하다. 또한, 높이가 높을수록 구들 놓기가 쉽고 연기도 잘 빠지므로 구들방의 기초는 가능한 높게 했다. 천장은 원목을 이용한 귀접이천장으로 마감하고, 천장 위는 30cm의 순황토에 천일염과 모래, 생석회를 섞어 5cm 올려 마감했다. 순황토를 올리고 그 위에 천일염과

지붕의 용마루 끝을 마감하기 위해 망와(望瓦)를 설치했다.

모래를 올리면 황토가 건조되어 생긴 틈을 모래가 채워주고 해충의 서식도 막을 수 있다. 이와 같이 시공하면 단열이 완벽하게 처리되어 사계절 덥지도 춥지도 않은 쾌적한 실내가 된다. 또한, 귀접이천장은 천장의 유려함을 살리기도 하거니와, 지붕의 압력을 흙집 벽면 전체에 골고루 가해지게 함으로써 벽체가 더욱 단단해지는 원리로 간단하면서도 효율적인 천장이다.

대들보, 도리, 서까래 등의 목재는 북미산 더글러스와 국산 낙엽송을 사용하였고, 지붕의 형태는 맞배지붕에 지붕마감재는 칼라강판을 사용했다. 벽체마감은 순황토를 발라 최대한 쾌적하고 건강한 실내공간을 만들고, 현대식 화장실 2개를 갖추어 여럿이 사용해도 전혀 불편함이 없는 시설을 갖추었다.

건물의 앞뒤에서만 지붕면이 보이고 용마루와 내림마루만으로 구성된 맞배지붕이다.

01_ 주변의 산과 들에서 나는 약초와 열매를 항아리에 담아 발효 숙성하고 있다.
02_ 옹기를 이어서 용마루 위로 높게 옹기굴뚝을 설치했다.
03_ 흙집으로 비에 약해 처마를 길게 빼서 벽체를 보호한다.

01, 02_ 홑처마에 처마를 덧대고 데크를 깔아 전이공간으로 활용하고 있다.
03_ 황토와 나무, 한지 등 친환경 자재로만 시공한 황토방이다.

04_ 계단을 올라 데크를 지나면 출입문으로 연결된다.
05_ 두 짝의 미닫이 용자살 유리문으로 중문을 설치했다.
06_ 작은 방을 아늑한 황토구들방으로 만들었다.
07, 08_ 밖으로는 여닫이 세살 쌍창, 안으로는 미닫이 세살창을 달아 이중창으로 했다.
09_ 황토구들방 출입문을 여닫이 세살 독창으로 했다.
10_ 흰색 톤의 깔끔한 현대식 화장실을 만들었다.
11_ 화장실 문은 밤색의 플러시문이다.

방 한쪽에는 취사할 수 있는 실용적인 흰색 톤의 一자형 주방을 설치했다.

귀접이천장과 어울리는 나뭇결이 살아 있는 천장등을 달았다.

01, 02_ 이중 문틀의 상세
03_ 벽체를 황토에 모래를 섞은 사벽으로 했다.
04, 05, 06_ 평면이 방형으로 바닥은 우물마루이고 지붕은 우진각지붕의 정자이다.

01_ 귀를 접어서 마감한 귀접이천장에 상량문이 보인다.
02_ 옹기를 이어 만든 옹기굴뚝이다.
03_ 옹기로 특수 제작한 연가는 굴뚝 속으로 눈, 비가 들어가는 것을 막아주는 역할을 한다.

01_ 함실아궁이 입구에 점토벽돌로 아치형의 이맛돌을 만들어 그을음을 예방하고 장식적인 효과가 있다.
02_ 고래개자리에서 굴뚝으로 연결되는 연도이다.
03_ 건물 뒤쪽에 부속건물을 덧달아 보일러실로 활용하고 있다.
04_ 지붕의 용마루, 내림마루의 끝을 마감하기 위해 암막새를 뒤집은 듯한 칼라강판으로 만든 망와(望瓦)를 설치했다.
05, 06_ 칼라강판으로 만든 용마루와 막새기와로 용도에 맞게 마감했다.

01, 02_ 박공지붕 상단에 환기창을 설치했다

## 황토집 시공과정

본 건물은 큰 방과 작은 구들방으로 이루어진 흙벽돌집으로 기초공사부터 벽체를 쌓고, 귀접이천장을 만들고, 천장 위에 30cm 정도 순황토를 올려 단열처리한 후 칼라강판으로 지붕을 마감한 시공과정이다.

01_ 건축물이 앉을 터를 잡고 표시한다.
02_ 터파기를 하고 비닐을 깔아 지면에서 올라오는 습기를 1차로 차단한다.
03_ 버림콘크리트를 타설하고 평탄하게 면을 고른다.
04_ 버림콘크리트를 타설 후 하루 이상 양생한다.
05_ 하중을 완벽하게 받아주기 위한 방석기초를 한다.
06_ 벽체를 쌓는 구조 하부는 줄기초를 한다.
07_ 줄기초가 완성되고 거푸집을 해체한다.
08_ 구들방을 제외한 부분은 다시 한 번 매트기초를 한다.
09_ 펌프카를 이용하여 콘크리트를 타설한다.
10_ 콘크리트 타설 후 거푸집을 해체하고 일주일 이상 양생시킨다.
11_ 구들을 설치할 방은 줄기초로 하고 아궁이와 굴뚝 개구부는 미리 확보해 둔다.
12_ 천장공사와 서까래공사 등에 사용할 목재를 크레인을 이용하여 작업하기 좋은 위치에 쌓는다.
13_ 원목이 15톤가량 소요된다.
14_ 황토벽돌은 사용하기 좋은 장소에 야적하고 잘 보관한다.

01, 02_ 목재를 현장에서 가공하고 있다.
03, 04_ 가공을 완료한 목재는 쓰임새에 맞게 분리해서 보관한다.
05, 06_ 황토벽돌을 쌓기 위해 진흙반죽을 한다.
　　　　 진흙반죽은 흙과 모래를 적당하게 혼합해야 한다.
07_ 황토벽돌은 모서리를 먼저 쌓고 기초단을 쌓는다.
08_ 황토벽돌은 빈틈없이 꼼꼼하게 쌓는다.
09_ 외부벽체부터 황토벽돌 쌓기를 한다.
10_ 잘 건조된 황토벽돌은 자재와 인력만 확보된다면 하루 만에 쌓기를 완성할 수 있는 구조재이다.
11_ 창이 들어갈 자리의 공간을 미리 확보해 놓고 쌓는다.
12, 13_ 창을 넣기 위해 외부 창틀을 넣어서 창을 보호하거나 상부에 인방을 넣어서 보강하기도 한다.
14_ 외부 벽돌쌓기를 완성했다.

01_ 내부 칸막이에 벽돌을 쌓기 위해서 외부 벽체에 연결할 수 있도록 수직 먹줄을 표시하고 홈을 판다.
02_ 내부 칸을 막는 벽돌 쌓기를 한다.
03_ 벽돌 쌓기가 완성되면 도리를 걸기 위해서 판재를 이용하여 수평을 맞춘다.
04_ 도리는 한 개의 목재를 사용할 수도 있지만, 안과 밖을 같이 만들면 단열처리가 더 효과적이다.
05, 06_ 도리 위의 목재와 목재 사이의 공간을 모래 혹은 생황토를 이용하여 외기의 찬 공기가 내부로 들어올 수 없게 완전히 차단한다.
07, 08_ 도리 위에 귀접이천장의 첫 번째 보를 우선 업힐장 받을장으로 귀를 맞추고 고정한다.
09_ 3단에 걸쳐 귀를 접어 올린 모습이다.
10_ 나머지 공간은 미리 준비해 두었던 원목을 차례로 깔아서 단단히 고정한다.
11_ 귀를 접어 나머지를 막아놓은 상태에서 밑에서 바라보면 그 모양이 아름답고, 실내에 목재의 향기도 오래도록 유지된다.
12_ 천장을 완전히 덮기 전에 상량식을 하여 현장에서 고생한 분들의 노고에 감사하며, 건물과 거주할 주인의 안녕과 복을 빈다.
13_ 천장 위를 모두 목재로 마무리하고 나면 부직포 또는 광목 등으로 막아 공기는 통하되 먼지는 내부로 들어오지 못하도록 2겹 이상 겹쳐서 고정한다.
14_ 맞배집은 서까래를 양쪽 끝에 먼저 고정하고 서까래 간격을 일정하게 하면서 안쪽으로 차례로 고정해 나간다.

 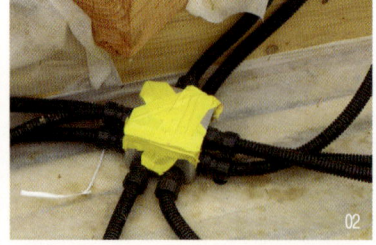 

01_ 건축물이 완성되기 전에 진흙으로 초벌 바르기를 하여 황토벽돌의 빈틈을 꼼꼼히 막는다.
02, 03_ 서까래 걸기가 완료되면 천장과 벽체에 전기배선을 미리 한다.
04_ 전기공사 후 천장 단열공사는 순황토와 천일염, 생석회 등을 올려서 천장의 단열 처리를 마무리한다.
05, 06_ 기와지붕을 올리기 위하여 헛지붕을 만들어 칼라강판 기와를 올린다. 천장에서 미리 단열처리를 하였으므로 지붕은 비와 바람을 차단하는 역할이면 된다.
07, 08, 09, 10, 11_ 지붕 덮기 공사가 마무리되면 난방공사를 시작한다. 본 건물의 작은 방은 구들을 놓았다.
12_ 큰 방은 온수온돌을 설치했다.
13_ 바닥을 황토미장 바르기로 마감한다.

01_ 미장공이 벽체를 미장하고 있다.
02, 03, 04_ 화장실의 타일 작업을 하기 전에 먼저 방수공사를 마치고 싱크대와 화장실의 타일공사를 한다. 타일공사는 전문 업자에게 맡기는 것이 유리하다.
05, 06_ 정화조 설치와 배관하여 상·하수도 공사를 마무리 짓는다.
07, 08_ 굴뚝은 옹기 혹은 전돌, 적벽돌, 와편 등을 선택하여 만든다.
09_ 황토집이 잘 건조되면 도배와 장판 작업을 하여 집을 완성한다.
10_ 완성한 주택의 모습.

해남 구림리주택
# 8. 단열문제를 해결한 개량한옥

상대적으로 한옥 수요가 높은 전라남도에서 도민을 위해 추진하고 있는 행복마을은 현실적이고 합리적인 한옥의 건축방향을 제시함으로써 한옥에 대한 관심을 높이고, 실제 건축으로 이어질 수 있도록 현실적인 지원책을 실시하고 있다. 행복마을은 낙후된 농어촌 마을에 각종 편의시설을 갖추고 귀농, 귀촌하는 도시민들과 함께 어우러져 전통과 따뜻한 정이 살아있는 살기 좋은 마을로 조성해나가는 데 목적이 있다. 103가구 260여 주민이 사는 조용한 이 마을이 2007년 한옥시범마을로 지정되면서 22개 동의 폐가를 한옥으로 개량하거나 신축해 한옥타운으로 조성됐다. 행복마을로 지정되면 주택을 한옥으로 신축할 경우 도·군비 한옥보조금 4,000만 원과 3,000만 원의 저리 융자를 받을 수 있어 자금 부담은 그만큼 줄어든다. 마을의 공동 민박집이 들어서고, 농촌체험장을 겸한 버섯박물관이 들어서더니 이내 즐비하던 슬레이트집들은 하나둘씩 전통한옥으로 변모하기 시작했다. 주민들은 한발 더 나아가 도로에 깔린 시멘트를 걷어내어 황토로 덮고 시멘트 담은 허물어 돌담을 쌓기로 했다.

이곳에 지어진 은선당 본채는 정면 4간, 측면 2간의 겹처마 팔작지붕이고, 별채는 정면 2간, 측면 1간에 겹처마 맞배지붕을 연이어 일자형으로 배치했다. 별채 앞뒤와 본채와 별채 사이는 처마를 덧대고 실내에서 아궁이에 불을 지필 수 있는 구조로 개선했다.

## 황토집
### 122㎡(37평)

| 위  치 | 전라남도 해남군 삼산면 구림리 |
| 건축형태 | 한식목구조주택 |
| 대지면적 | 990㎡(300py) |
| 건축면적 | 122㎡(37py) |
| 건축설계·시공 | 사공득현(司空得鉉) 도편수 |
| 구들설계·시공 | 유민구들흙건축 |

은선당은 정면 4칸, 측면 2칸의 겹처마 팔작지붕이다.

전통방식의 목구조 심벽집은 기둥, 도리, 보를 기본으로 하고, 하방, 중방, 상방을 걸고 서까래, 지붕을 얹어 구성하고 내·외부는 황토로 미장했다. 이 공법의 가장 큰 문제점으로 지적되는 기둥과 흙벽이 수축하면서 발생하는 틈의 단열과 관리, 보수 문제를 해결하려는 노력으로 벽체는 전통방식인 외엮기를 계승하여 친환경 자재인 왕겨숯, 대나무, 나무를 사용해 건강에 좋고 단열효과도 뛰어난 전통단열외로 했다. 대나무, 나무 등의 보강재를 사용하여 지지틀을 만들고 지지틀 내부에 단열재 왕겨숯 등을 채운 후 양쪽에 외를 부착한 전통단열외는 구조적으로 각종 하중에 안전하고 단열성능이 우수한 건축자재이다.

별채의 방 두 개는 현대인들이 좋아하는 구들방을 만들었다. 벽지는 통기성, 습도 조절기능, 탈취기능 등 숯 단열벽체의 기능을 해치지 않도록 한지벽지로 마감하고, 바닥은 황토로 미장한 상태에서 난방 시 원적외선을 방출하는 황토방의 기능을 잘 살릴 수 있도록 콩기름을 먹인 각장판을 사용했다. 건축주는 "양옥에서 살 때는 항상 코가 맹맹하고 머리가 아파 답답했었는데, 한옥에서 살고부터는 감기도 안 걸릴뿐더러 몸이 찌뿌듯하더라도 하룻밤만 푹 자고 나면 깨끗하게 낫는다."며 "한옥이 이렇게 좋은 줄 알았다면 진작 지었을 것이다."라며 만족감을 표시했다.

추녀는 지붕 만들 때 가장 먼저 거는 부재로
주심도리와 종도리 위 지붕 모서리에 45도 방향으로 놓는다.
부연이 있는 겹처마는 부연 길이만 한 추녀가 하나 더 걸리는데 이를 사래라 한다.

01_ 두륜산 도립공원 근처, 열려 있는 공간에 아담하게 자리를 잡았다.
02_ 본채와 별채 사이의 토석담 위로 PVC창호를 설치해 실내공간으로 활용하고 있다.
03_ 별채의 측면으로 삼량가 맞배지붕이다.

본채와 별채를 연이어 일자형으로 배치했다.

01_ 토석담 안으로 토축굴뚝을 설치했다.
02_ 사다리형초석에 사각기둥을 한 겹처마로 격조가 있다.
03_ 처마 밑 토방은 주변에서 쉽게 구할 수 있는 평평하고 넓은 자연석으로 마감했다.

01_ 도편수가 직접 제작한 집 모양의 멋진 책장이다.
02_ 출입문과 거실 사이에 4짝의 미서기 완자살청판문을 달았다.
03_ 오량가 구조로 바닥은 온돌마루이고 천장은 눈썹천장으로 했다.
04_ 은선당(恩宣堂)은 은혜와 선함이 가득한 집이라는 뜻이다.

채와 채 사이에 데크를 깔고 선룸을 만들어 실내공간으로 활용하고 있다.

01_ 외부는 세살분합문으로 하고 내부는 완자살 영창의
　　이중창이다.
02_ 별채 뒤쪽에는 차양을 덧대고 널판문을 달았다.
03_ 서까래만 가지고는 처마를 길게 빼는데 한계가 있어
　　부연을 덧붙인 겹처마이다.
04_ 처마 밑에서 위로 바라다본 겹처마 상세이다.
05_ 박공은 측면으로 빠져나온 도리와 도리에 걸린
　　서까래에 못을 박아 고정한다.

01_ 세살분합문 위로 채광을 위해 설치한 광창이 안정감과 균형감이 있다.
02_ 상인방과 하인방을 문상방과 문하방으로 삼아
문설주를 위아래로 연결하여 문얼굴을 만들고 4짝의 세살분합문을 달았다.
03_ 콘크리트로 만든 기단부를 자연석으로 마감했다.
04_ 자연석을 디딤돌로 자연스럽게 배치했다.
05_ 하방의 아래쪽 고막이벽을 황토색 무늬의 벽돌로 마감했다.
06_ 살림집에서 널리 사용하는 사다리형초석이다.
07_ 외벽을 진흙에 모래를 섞은 사벽으로 마감했다.
08_ 곱게 황토마감 한 모습.

마당에는 쇄석을 깔고 한쪽에는 채소밭과 수돗가를 만들었다.

01_ 전기설비가 있는 경사지붕에도 기와를 얹어 호사를 누리고 있다.
02_ 바닥은 한지장판에 콩댐하고 천장은 한지를 바른 종이반자, 벽은 한지를 발라 전체적으로 한지 방이 되었다.
03_ 실내에서도 아궁이에 불을 지필 수 있게 했다.
04_ 별채에 처마를 덧대고 데크를 설치하여 이동이 편리하게 했다.
05_ 아랫목이 있고 종이반자를 한 아늑한 방이다.

### 한옥 짓기 시공과정

기초부터 완성까지 한옥 짓는 과정에 대한 이미지를 설명과 함께 순서대로 게재했다. 기초에 초석 놓고 기둥 세우기, 대들보·도리의 조립, 중보·중도리·대공·종도리, 서까래와 박공, 합각을 조립하는 목구조공사, 적심과 보토 위에 기와를 얹는 지붕공사, 창호공사, 건물 내외부에 마감재를 사용하여 바닥, 벽, 천장을 아름답게 꾸미는 수장공사, 건축물의 외벽, 내벽, 바닥, 천장에 마감재를 적당한 두께로 발라 마무리하는 미장공사 등의 순서로 공사는 진행된다. 이외에도 도장공사, 타일공사, 냉·난방공사, 전기·설비공사, 배관 및 배선공사, 기타 부대공사 등 120여 컷의 공사별 상세이미지를 순서대로 살펴볼 수 있다.

01_ 기초에 인장강도를 높이는 철근 배근을 하고 거푸집을 설치했다.
02_ 콘크리트 타설을 위해 공사현장에 펌프카를 설치했다.
03_ 펌프카로 기초 콘크리트 타설하는 전경.
04_ 콘크리트 타설이 완료된 매트기초.
05_ 기둥과 보를 세우기 전에 미리 칠을 한다.
06_ 매트기초 위에 주춧돌을 놓고 기둥을 세우고 창방과 장여를 끼운다.
07_ 크레인으로 측량을 놓는다.
08_ 크레인으로 대들보를 놓는다.
09, 10_ 도리를 장여 위에 놓는다.
11_ 대공이 놓일 자리를 다듬는다.
12_ 상량식이 끝나고 나면 미리 묶어 둔 광목 끈을 목수가 잡아 올려 상량하게 된다.
13_ 나무 결구의 마지막 단계인 종도리(마루도리)를 올린다.
14_ 상장여에 종도리를 얹는다.

01_ 종도리를 마무리한 모습.
02_ 종보 위에 놓여 종도리를 받고 있는 조각이 없는 소박한 대공을 사용했다.
03_ 추녀를 건다.
04_ 건물 중앙에 서까래를 걸어 중심을 잡고, 서까래와 양쪽 추녀를 연결하도록 평고대인 초매기를 놓는다.
05_ 일정한 간격으로 서까래를 배치하고 개판을 깐다.
06_ 추녀에 선자서까래를 걸고 개판을 깐다.
07_ 중도리에서 종도리까지 단연(短椽)을 건다.
08_ 상단 서까래인 단연(短椽)을 마무리 한다.
09_ 방형 단면의 부연 끝에 이매기를 놓는다.
10_ 겹처마는 부연 길이만 한 사래인 짧은 추녀가 하나 더 걸린다.
11_ 박공판과 목기연 조립. 목기연 위에는 박공판 방향으로 목기연개판을 덮어 준다.
12_ 정면에서 본 박공판과 목기연 조립의 상세 장면이다.
13_ 단연(短椽) 위로 개판을 깐다.
14_ 측면에서 바라본 모습으로 합각의 윤곽이 드러났다.

01_ 개판을 마무리하고 한쪽에서는 수장들이기를 한다.
02_ 지붕에 기와를 얹기 위해서 적심과 보토를 한다.
03_ 단열과 지붕곡을 고르게 하기 위한 보토작업을 한다.
04_ 마당 한쪽에서는 지하수를 개발 중이다.
05, 06_ 보토를 위해 크레인으로 계속 흙을 올린다.
07_ 보토한 흙을 면고르기 한다.
08_ 지붕에 기와를 올려놓는다.
09_ 기와 놓기 작업을 한다.
10_ 추녀와 사래 위에서 와공이 추녀마루를 쌓는다.
11, 12, 13_ 측면의 기와 작업이 진행된다.
14_ 암키와와 수키와의 바닥기와 잇기를 마무리 한다.

01, 02_ 정면의 기와 작업이 진행되고 있다.
03_ 실내는 충량과 연등천장이 그대로 드러나 있다.
04_ 추녀 부분의 하중이 과중하여 처짐을 방지하려는 의도로 철물로 고정하는 방법을 택했다.
05_ 벽체와 실내공사를 위해 흙을 반입한다.
06_ 실내에서 공사 중인 합각을 바라본 모습.
07_ 내림마루와 추녀마루 작업을 한다.
08_ 착고, 부고, 암마루장, 숫마루장의 순으로 용마루 작업을 한다.
09_ 용마루 양쪽에는 용머리 모양의 장식기와를 올렸다.
10_ 너새 잇기까지 마무리한 측면의 모습이다.
11_ 판대공과 종도리 위로 노출된 서까래가 보인다.
12_ 거실이 있는 천장 가운데 모양은 우물 정(井)자의 우물천장이다.
13_ 하인방 아래 또는 마루 밑의 터진 곳을 점토벽돌로 고막이 한다.
14_ 문짝을 달기 위해 양쪽에 문설주를 세운다.

01_ 벽체는 건강에도 좋고 단열효과가 뛰어난 숯단열벽체인 전통단열외(椳)로 했다.
02_ 실측 후 공장에서 제작한 전통단열외(椳)는 현장에서 공사기간을 단축할 수 있는 장점이 있다.
03_ 합각을 점토벽돌로 마감했다.
04_ 합각, 숯 단열벽체, 고막이 작업을 마친 측면의 모습.
05_ 지붕과 숯 단열벽체가 마무리된 정면의 모습.
06, 07, 08_ 건물 벽체 내·외부에 황토미장을 한다.
09, 10_ 황토미장으로 마무리한 건물의 정면과 측면.
11, 12_ 벽체에 미리 배관삽입 작업을 해놓은 상태에서 바로 입선작업을 한다.
13_ 부토하고 바닥 다지기 작업을 한다.
14_ 바닥 위에 와이어매쉬를 깔고 난방용 배관재는 가장 많이 사용되고 있는 엑셀파이프를 사용했다.

01_ 엑셀파이프를 와이어매쉬에 결속한다.
02_ 엑셀파이프 위에 황토미장을 한다.
03_ 완성된 방과 한 쪽 모퉁이에 설치된 분배기의 모습.
04, 05, 06_ 창호를 달기 전 주택의 정면, 측면, 배면의 모습.
07_ 굴착기로 주변 정리를 한다.
08_ 마당에 PVC 배관작업을 한다.
09_ 문지방을 다듬는다.
10_ 창호가 달리는 경우에 인방재가 설치되는 높이가 조절되는데 하인방이 문지방이 되는 것이 일반적이다.
11, 12, 13, 14_ 창호가 설치된 건물의 정면, 배면, 좌측면, 우측면의 모습

01_ 건물 외관에 정벌바르기 미장을 한다.
02_ 출입구에서 벽, 마루, 문 등의 내부 수장(修粧)을 한다.
03, 04_ 서까래에 달대를 달고 우물 정자 모양으로 짠 반자를 설치한다.
05_ 천장을 석고보드와 몰딩으로 마감했다.
06_ 건물 외관의 세살미닫이창에 뽐칠을 한다.
07_ 외부에서부터 세살, 용자살, 완자살 미닫이로 3중 창호 작업을 한다.
08_ 살창에 창호지를 바른다.
09, 10_ 창호지를 바른 건물의 정면과 측면.
11_ 방바닥의 갈라진 틈 보강과 미장 마감을 한다.
12_ 문지방 밑의 고막이를 점토벽돌로 마무리한다.
13_ 욕실에서 각종 수전금구 및 액세서리를 단다.
14_ 건물 외부의 처마 밑에 벽부등을 설치한다.

01_ 벽부등이 완성된 모습.
02_ 건물 뒤쪽의 보일러실 주위를 정리한다.
03_ 다용도실을 증축할 목적으로 줄기초 위로 초석을 놓았다.
04_ 기둥을 세우고 장여와 도리를 조립했다.
05_ 일정한 간격으로 서까래를 올렸다.
06_ 측면에서 바라본 다용도실.
07_ 기둥과 기둥 사이를 벽돌로 쌓았다.
08_ 본채 다용도실의 기와 잇기 작업을 한다.
09_ 본채 옆에 16.5㎡(5평) 크기로 맞배지붕의 구들방을 만들었다.
10_ 서까래를 걸고 개판을 덮는다.
11_ 구들방 측면. 구들방 벽체는 본채와 같이 단열효과가 뛰어난 숯 단열벽체인
   전통단열외(椳)를 사용했다.
12_ 구들방의 배면. 구들을 놓기 위해 자연석을 쌓아 기초를 높였다.
13_ 서까래는 빠져나온 길이의 1/3지점부터 소매걷이를 하여 날씬하고
   힘 있어 보이게 하고 서까래의 말구는 직절하지 않고 빗자른다.
14_ 기와 잇기 작업을 한다.

01_ 용마루와 내림마루 작업을 한다.
02, 03_ 구들방 뒤쪽 창문에 유리창을 만든다.
04_ 구들방 내부에 황토 미장을 한다.
05, 06, 07_ 콘크리트로 노출된 기단부를 평평하고 넓은 자연석으로 치장한다.
08_ 거실에 강화마루를 깐다.
09_ 도리 위 서까래 사이의 당골벽을 흙으로 마무리했다.
10_ 수돗가를 만들기 위해 배관작업을 한다.
11_ 완성된 건물의 좌측면.
12_ 완성된 구들방의 정면.
13_ 완성된 건물의 배면.
14_ 한옥이 주변의 자연과 조화를 이룬다. 집짓기는 축제다. 자연이 축복이라도 하듯 하늘에 7색의 무지개가 뜨고 들판에는 풍요로움이 있다.

## 4장
# 황토집 사례

188    광양 청매실농원초가
198    의성 수정리주택
204    파주 검산동주택
212    양평 동오리주택
220    순천 만대재
228    용인 좌항리주택
234    당진 대합덕리주택
242    원주 푸른솔펜션

경사지를 이용한 계단식으로 一자형 사랑채와 ㄱ자형 안채를 지형에 맞게 배치하여 자연스러움이 있다.

광양 청매실농원초가
# 1. 매화향이 가득한 초가집

청매실농원초가는 백운산 자락과 백사장을 적시며 흐르는 섬진강 줄기가 만나는 곳에 5만 평이나 되는 드넓은 매화 동산 중턱에 자리하고 있다. 도연명이 말한 무릉도원이 바로 이곳인가 싶을 만큼 아름다운 농원에는 수십 년 묵은 매화나무가 빼곡하고, 그 아래로 싱그러운 청보리가 바람을 타고 물결친다. 농원 중턱에서 내려다보면 굽이쳐 흐르는 섬진강 너머 하동마을이 한 폭의 동양화처럼 펼쳐져 있다. 가슴 속에 스멀스멀 봄기운이 차올라 간지럼을 태우면 봄맞이하고 싶은 사람들이 제일 먼저 달려가는 곳이 광양에 있는 이곳 청매실농원이다.

청매실농원초가는 찾아오는 손님들의 숙소용으로 사용한다. ㄱ자형 안채와 一자형 사랑채로 이루어져 있는 홑처마 납도리집으로 지붕은 이엉을 얹은 우진각 형태의 초가지붕이며 도로 면부터 경사지를 이용한 계단식 마당이 조성되어 있고, 기단과 초석이 자연석으로 놓여 있어 자연의 멋이 살아있는 토속적인 초가집이다.

안채는 정면 4칸으로 방 1칸, 대청 1칸, 부엌 1칸과 오른쪽에 ㄴ자로 꺾인 정면 1칸, 측면 2칸에 두 개의 작은방이 배치되어 있다. 경사진 자연지형을 이용하여 부엌과 오른쪽 방은 안방과 대청보다 한 단 낮게 계단식으로 자연스럽게 배치되어 있다. 안채 왼쪽 방과 대청마루 앞에 툇마루와 쪽마루가 연이어 설치되어 있고 뒤편 쪽마루 밑에는 함실아궁이가 있다. 한옥에서의 툇마루는 들고 날 때 잠시 걸터앉아 숨을 고르고 하루를 되돌아보는 사색의 공간

## 황토집

### 33㎡(10평)

| 위　　　치 | 전라남도 광양시 다압면 도사리
| 건축형태 | 전통 초가집
| 대지면적 | 51㎡(15py)
| 건축면적 | 33㎡(10py)
| 건축설계·시공 | 건축주 직영

주변에 있는 흙과 돌, 나무, 짚 등으로 지은 생태건축이다.

이자 자연과 함께 소통하는 의미 있는 공간이기도 하다. 부엌은 앞뒤로 통하게 하고 판벽에 널판문을 달았다. 앞쪽 판벽은 고재를 재활용한 붙박이창으로 자연스럽게 통풍과 채광이 이루어지게 하고 뒤쪽 널판문 위에는 광창을 설치했다. 부엌에는 두 개의 아궁이를 만들어 오른쪽 두 개의 방에 각각 불을 땐다. 흙과 돌로 쌓은 화방벽 위에 황토벽체를 쌓아 올려 만든 오른쪽 ㄴ자 방은 다각형의 비대칭 형태로 남쪽과 동쪽에 벼락닫이 창이 달려 있다. 벼락닫이창은 받침대에 걸쳐놓았다 닫을 때 받침대를 치우면 벼락같이 닫힌다 하여 붙여진 흥미로운 이름이다.

사랑채는 정면 4칸에 측면 2칸으로 왼쪽부터 대청 2칸, 방 1칸, 고상마루 1칸으로 구성되어 있고 대청과 방 앞에 툇마루를 두었다. 방은 마당 쪽으로 머름을 대어 여닫이 세살 쌍창을 내고 대청 쪽으로 미닫이 세살 쌍창을 내어 출입문으로 사용하고 있다. 함실아궁이를 방 뒤쪽에 두고 고상마루 옆에 흙과 돌로 쌓은 굴뚝이 있다.

서로 마주하고 있는 안채와 사랑채는 둥근 곡선의 초가지붕으로 하늘과 만난다. 많은 사람이 이곳의 초가를 찾는 이유는 무엇보다도 매화향이 가득하고 향토적인 토속미가 물씬 풍기기 때문이다. 흙과 돌로 쌓아 토축굴뚝을 만들고 위에는 넓은 돌을 얹어 연가를 대신했다. 다시 봐도 천연덕스러운 굴뚝의 멋이 사람의 눈과 마음을 끈다. 다 태우고 마지막 연기로 사라지는 소멸의 끝자락을 배웅하는 굴뚝이 아름답게 돋보이는 초가집이다.

이엉을 묶어주는 고사새끼를 서까래 끝에 고정해 놓은 연죽에 잡아맸다.

01_ 마주하는 사랑채와 안채는 모두 홑처마인 납도리집이고 지붕 형태는 이엉을 얹은 우진각 형태의 초가지붕이다.
02_ 꿈속같은 매화밭 중앙에 나란히 두 채의 집이 있다. 매화꽃이 하얀 눈처럼 펼쳐지고 굴뚝에는 하얀 연기가 피어오른다.
03_ 매화 가지마다 봄의 전령사 같은 매화꽃이 피었다. 길이 아름답고 그 위에 선 사람들이 아름다운 활력이 넘치는 봄이다.
04_ 매화밭에 초가가 있고 초가 주위에 꽃들이 절정을 이루고 있다.

01_ 사랑채 툇마루에서 안채를 바라본 모습.
02_ 안채는 정면 4칸으로 방 1칸, 대청 1칸, 부엌 1칸과 ㄴ자로 꺾인 정면 1칸 측면 2칸의 오른쪽에는 두 개의 작은 방이 있다.
03_ 밑단에 화방벽으로 된 벽면은 다각형의 비대칭을 이룬다.
04_ 돌담과 옹기굴뚝, 초가지붕이 주변 산세와 조화롭다.

05_ 굴뚝에서 피어오르고 하얀 연기와 진흙과 자연석으로 쌓은 토축굴뚝의 토속적인 모습에 더 매료되는 곳이다.
06_ 소멸의 끝자락을 배웅하는 천연덕스러운 굴뚝의 멋이 예사롭지 않다.
07_ 흙과 돌로 쌓아 토축굴뚝을 만들고 위에는 넓은 돌을 얹어 연가를 대신했다.
08_ 건물은 경사진 자연지형을 이용하여 계단식으로 자연스럽게 배치되어 있다.

매실농원 한가운데 정자가 있다. 농원 중턱 이곳에서 내려다보면 굽이쳐 흐르는 섬진강 너머 하동마을이 한 폭의 동양화 같다.

01_ 토속적인 장독대와 토축굴뚝이다.
02_ 돌절구와 점토벽돌을 이용하여 만든 수돗가이다.
03_ 빗장둔테에 빗장을 가로질러 잠근다.
04_ 1고주 5량가로 종보에 휜 나무를 그대로 사용하여 운치가 있다.
05_ 서까래가 노출된 연등천장으로 서까래에 걸쇠를 걸었다.
06_ 기둥 사이에 장귀틀을 놓고 청판을 끼워 넣을 동귀틀을 놓아 우물 정(井)자 모양이 되는 우물마루이다.

01_ 빗살청판문을 이용하여 차탁을 만들었다.
02_ 작은 방이지만 은은한 빛이 가득하다.
03_ 방바닥은 한지장판에 콩댐하고 벽지는 한지를 붙였다.
04_ 구들을 놓은 방바닥에 따스한 온기가 느껴진다.

01_ 방바닥과 벽체, 천장을 한지로 발라 전체적으로 통일감이 주었다.
02_ 살림집에서 제일 많이 쓰이는 세살창이 보이고 방 한쪽에는 경상이 놓여 있다.
03_ 세살창에 소박한 광목천이 커튼을 대신한다.
04_ 서까래 위에 바로 천장지를 바르는 소경반자이다.

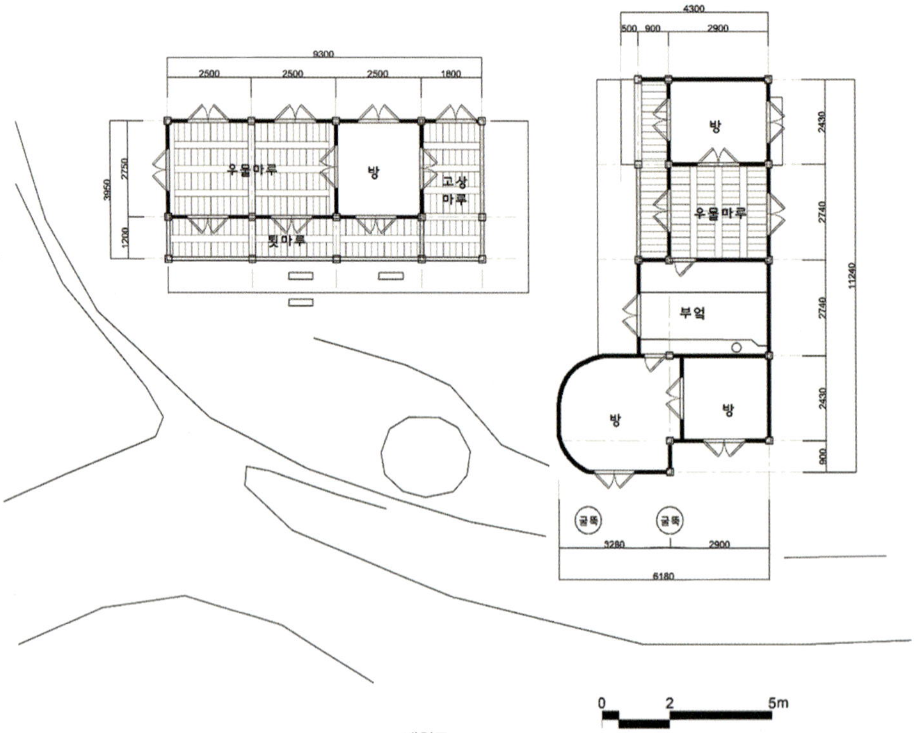

배치도

01_ 방 앞의 툇마루에 쪽마루를 덧대었다.
02_ 자연석기단 위에 자연석초석을 놓고 사모기둥을 세운 홑처마 민도리집이다.
03_ 툇마루에서 바라본 장독대의 모습.
04_ 우물마루, 툇마루, 쪽마루가 한 축으로 연결되어 있다.
05_ 대청마루 뒤쪽의 문얼굴로 바람길이 열린다.
06_ 툇마루 한쪽에 붙박이장을 만들고 아래위로 두 짝의 우리판문을 달았다.
07_ 오량가 구조이다.
08_ 두 짝의 여닫이 세살청판문을 달았다.
09_ 부엌 입구로 판벽에 널판문을 달았다.

01, 03_ 앞쪽의 판벽에는 고재를 재사용한 붙박이창을 달아 자연스럽게
채광과 통풍이 되고 뒤쪽 널판문 위에는 광창이 있다.
02, 05_ 부엌은 앞마당과 뒤뜰로 통하게 했다.
04_ 부엌 왼쪽에는 대청마루 쪽으로 미닫이문을 한쪽에는 개수대를 설치했다.
06_ 부엌 오른쪽에는 두 개의 아궁이를 내고 ㄴ자 형태로 이어진 두 개의 작은 방에 불을 땔 수 있게 했다.
07_ 부엌에서 바라본 대청마루.
08_ 고미반자 위로 벽장을 만들어 허드레 물건을 보관하는 장소로 활용하고 있다.
09_ 함실아궁이 위로 세살문을 이용하여 벼락닫이창을 만들었다.

01_ 쪽마루 밑으로 함실아궁이를 설치했다.
02, 05_ 지형에 맞춰 크고 작은 돌로 자연석기단을 쌓고 토방을 만들었다.
03, 06_ 전구에 대나무 갓을 씌워 놓았다.
04_ 난방 전용의 함실아궁이를 설치했다.

가마솥이 걸려 있는 부뚜막아궁이 모습.

골조는 철근콘크리트구조로 하고 벽체는 황토벽돌로 쌓아 2층 황토주택을 지었다.

의성 수정리주택

# 2. 철근콘크리트구조의 황토벽돌집

오랜 세월 건설현장에서 대형크레인 사업을 하던 건축주는 큰 사고로 투병생활을 한 후 모든 것을 정리하고 고향에 내려와 작은 옛집 옆에 철근콘크리트 구조에 재래식 황토벽돌로 된 2층 황토주택을 지었다. 가장 보편화된 철근콘크리트구조는 기둥, 보, 내력벽, 슬라브 등의 주요 구조부가 철근콘크리트로 철근은 인장력에 강하고 콘크리트는 압축력에 강하여 일체화된 구조를 이룰 때 우수한 구조성능을 지닌다. 또한, 구조 강성이 크고 내구성, 내화성, 내진성, 차음성능이 높아 건물의 뼈대를 만들 때 많이 이용되는 공법이다. 재래식 황토벽돌은 건조과정에서 물이 빠지고 기포가 적당히 형성되어 단열효과가 있고, 실내 습도조절, 음이온 발생, 공기 정화 등 건강에 유익한 건축자재로 주목받고 있다. 이 두 가지 요소를 결합하여 건축주는 자신의 취향에 맞는 황토벽돌집을 직접 지었다. 집을 짓는 동안 여러 가지 시행착오도 많았다. 건설업을 하는 지인에게 토목공사를 맡겼으나 시작부터 의견이 맞지 않아 원점으로 되돌리고 다른 건설업체를 알아보다 결국 직접 지어보기로 했다. 자재도 직접 고르고, 각 분야의 기술자도 직접 고용해 의욕적으로 집짓기를 추진했으나 여간 어려운 일이 아니었다. 좋은 기술자를 만나기도 어려웠거니와 만났다 하더라도 그들의 주장대로 맡겨 진행하다 보면 결국엔 건축주가 원하는 형태의 집은 지어지지 않는다는 것도 경험했다.

이런 시행착오와 경험을 통해 건축주는 시공비가 싸면 그만큼 하자발생률도 높아 특별한 경우가 아니라면 단지 시공비가 저렴하다거나 현장에서 가깝다는 이유만으로 집 짓는 공사를 쉽게 맡겨서는 안 된다고 조언한다. 가까

## 황토집

### 96㎡(29평)

| 위　　　치 | 경상북도 의성군 금성면 수정리 |
| 건축형태 | 철근콘크리트구조 황토벽돌집 |
| 대지면적 | 274㎡(83py) |
| 건축면적 | 96㎡(29py) |
| 건축설계 · 시공 | 건축주 직영 |
| 구들설계 · 시공 | 유민구들흙건축 |

01_ 거실 전면에는 데크를 깔았다.
02_ 집의 첫인상을 좌우하는 현관문을 스틸도어로 했다.

운 지인일수록 하자 발생 시 마음 놓고 필요한 요구를 하기가 곤란할 수 있으므로, 시공비가 더 들더라도 체계적인 A/S 시스템을 갖춘 업체에 맡기는 것이 오히려 실속있게 집을 지을 수 있고, 하자발생 시에도 정당하게 요구할 수 있다고 말한다. 또한, 할 수만 있다면 업체를 선정하기 전에 그 업체의 현장답사를 한다거나 시공실적과 건축 기술력을 확인하고, 여기에 기존 건축주의 만족도까지 확인할 수 있다면 후회 없는 좋은 선택이 될 수 있다고 말한다. 건축주는 이번 집짓기를 통해서 건축은 아무리 신경을 써서 시공하더라도 하자발생의 여지는 상존하므로 처음부터 믿을 수 있는 업체를 잘 선정해 합리적인 건축비로 집을 짓는 것이 바람직하다는 결론을 얻었다.

이 같은 어려운 여건 속에서도 건강을 위해 좋은 황토집을 지어보겠다는 일념으로 방 하나는 구들방을 들이고, 거실은 서까래가 노출된 높은 천장을 그대로 이용해 박공 형태의 한식인테리어로 돋보이게 꾸몄다. 창호는 외부는 흰색, 내부는 나무와 어울리는 색상의 유럽형 LG시스템창호를 설치하여 단열성능과 기밀성을 높였다. 옥상에는 보일러와 겸용으로 사용할 수 있는 태양광시스템을 설치하여 난방비 절감을 위한 방안도 마련했다. 본 건물에 설치한 구들은 골조공사만 완료한 후 작업을 시작해 자재운반과 공사에 전혀 어려움이 없었다. 취사와 난방을 겸하는 부뚜막아궁이는 줄고래구들과 되돈고래구들을 혼합한 형태로 만들었다. 굴뚝은 전축굴뚝으로 건물과 멀리 떨어져 높게 설치해 건물의 상징적인 이미지가 되었다. 건축주의 황토주택 사랑과 도전적인 실험정신이 결합해 전통에서 현대로 이어지는 또 다른 형태의 발전적인 황토주택이 탄생하게 되었다.

천장 안에 천장이 있는 이중구조의 삼량가구조로 인테리어를 하니 전통미가 살아난다.

01_ 2층 옥상에는 보일러와 겸용으로 사용할 수 있는 태양광시스템을 설치했다.
02_ 한식인테리어를 한 거실에 전면창을 설치해 시원스럽다.
03_ 종보에 상량문이 보인다.

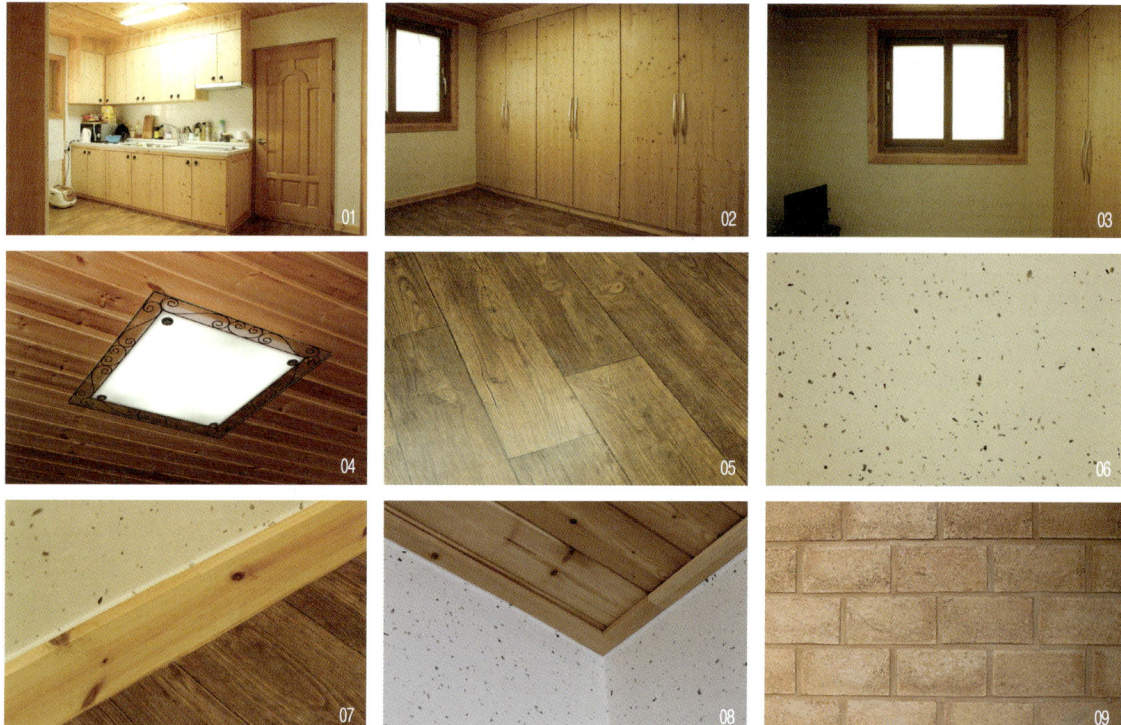

01_ 나뭇결이 살아 있는 미장합판으로 ㅡ자형의 실용적인 주방을 만들었다.
02_ 집성목으로 한쪽 벽에 붙박이장을 설치했다.
03_ 단열성능과 기밀성이 높은 유럽형 LG시스템창호를 설치했다.
04_ 단조로 테두리에 문양을 넣은 방형의 천장등을 달았다.
05_ 온돌마루 상세.
06_ 천연 닥섬유를 활용한 전통 한지에 자연에서 얻은 천연소재를 첨가한 기능성 벽지이다.
07_ 바닥과 벽체 사이의 걸레받이를 원목으로 했다.
08_ 천장과 벽체 사이를 나무 몰딩으로 마감했다.
09_ 재래식 황토벽돌은 건강에 유익한 실내의 습도조절, 음이온 발생, 공기정화 기능을 가지고 있다.

10_ 현관 바닥은 대리석을 깔고 중문은 3연동도어를 설치했다.
11_ 방바닥은 온돌마루를 깔고 천장은 루버, 벽은 한지벽지를 발랐다.
12_ 방문을 고급스러운 원목도어로 했다.
13_ 흰색 톤의 깔끔한 욕실이다.

01_ 건물과 떨어져 높게 설치한 전축굴뚝은 집의 상징적인 이미지가 되었다.
02_ 점토벽돌을 세워 굴뚝 상단부에 배기구를 만들었다.
03, 04_ 전축굴뚝 하단부에 소제구를 만들었다.
05_ 땔감으로 장작을 준비해 두었다.
06_ 불문을 달고 이맛돌이 있는 부뚜막아궁이에 가마솥이 걸려있다.

## 구들 시공과정

본 건물의 구들은 철근콘크리트구조의 골조공사만 완료한 후 작업에 들어가서 자재운반과 시공에 어려움이 없었다. 구들방은 부뚜막아궁이에 줄고래와 되돈고래 구조의 형태를 혼합하여 적용하고, 전축굴뚝을 멀리 설치하여 굴뚝의 단독이미지를 형성하면서 집의 상징적인 이미지로 살렸다.

01_ 구들을 놓기 위해 현무암 구들돌을 현장에 쌓아놓는다.
02_ 솥을 걸기 위해 아궁이후렁이와 불목을 같이 축조한다.
03_ 불문을 흔들림이 없이 단단히 고정한다.
04_ 아궁이후렁이와 작은 구들개자리를 완성한다.
05_ 솥을 수평으로 맞추어 올려놓는다.
06_ 고래개자리를 만들고 고래바닥을 만든다.
07_ 고래둑을 완성한다.
08, 09_ 구들장을 덮는다.
10_ 부토를 하고 방바닥의 수평을 맞춘다.
11_ 불을 때서 구들을 말린다.

산이 바람을 막아주어 고기압 지대를 이루니 좋은 집터를 이룬다.

파주 검산동주택
# 3. 안주인을 배려한 개량한옥

건축주는 선산이 있고 어릴 적 뛰어놀던 추억이 있는 고향을 뒤로하고 오랜 세월 도시생활을 하면서 정년을 맞았다. 몸과 마음을 자연 치유하자는 '힐링(Healing)' 열풍으로 도시를 벗어나 자연환경이 좋은 전원에 집을 지으려는 사람이 부쩍 늘어나고 있는 요즈음, 아내를 설득하여 비록 지인들은 떠나고 없으나 항상 마음에 담아두었던 고향을 찾았다. 이제 지나간 이야기가 되었지만, 전문가를 앞세워 진행했던 선산의 개발행위가 너무 힘들어 집을 짓지 않겠다던 결심은 어느새 사라졌다. 경사지를 이용해 옹벽을 쌓고 뒤로 선산을 연계하니 산이 바람을 막아주어 바람의 속도는 약해지고 고기압 지대를 형성해 양택(陽宅)의 3요소를 갖춘 좋은 집터가 되었다. 즉, 야산을 등지고 하천을 내려다보는 배산임수(背山臨水), 건물을 도로와 정원보다 높게 배치하는 전저후고(前低後高), 입구는 좁으나 내부는 넓게 하는 전착후관(前窄後寬), 이런 세 가지 조건을 두루 갖춘 쾌적한 환경과 전면에 시원스럽게 펼쳐진 마을을 한눈에 내려다볼 수 있는 전망 좋은 곳이 되었다.

이곳에 자연과 집, 집과 사람이 하나 되어 서로 공존하며 소통하는 집, 자연에 순응하며 자연을 거스르거나 훼손하지 않고 훗날 다시 자연으로 환원되는 천연소재 황토, 나무, 돌을 이용하여 자연 친화적인 집, 바로 황토 개량한옥을 짓기로 했다.

설계 시 가장 주안점을 둔 것은 가사 일을 많이 하는 안주인을 배려하여 주로 아파트에서 많이 볼 수 있는 거실, 식당, 주방을 일체화한 LDK(Living Dining Kitchen)구조를 적용하여 생활에 불편함이 없도록 하는 것이었다.

## 황토집

### 99㎡ (30평)

| 위　　　치 | 경기도 파주시 검산동
| 건축형태 | 한식목구조주택
| 대지면적 | 607㎡(184py)
| 건축면적 | 99㎡(30py)
| 구들면적 | 9.9㎡(3py)
| 건축설계·시공 | ㈜채세움
| 구들설계·시공 | 회전구들㈜

거실 앞에는 차양을 만들어 눈이나 비가 직접 들이치지 않도록 했다.

거실은 서까래가 그대로 노출되어 옛집의 대청마루 같은 느낌의 연등천장으로 하고, 방 한 칸은 언제든 뜨끈한 바닥에서 노곤한 심신을 풀 수 있게 구들방을 만들었다. 이외에도 건물 사방에 데크를 둘러 이동을 편리하게 하고 뒤쪽에는 넓은 차양을 설치해 넉넉한 다용도실을 두었다.

건축은 자연소재인 대나무, 숯, 나무로 만든 숯단열벽체를 생산하여 전통한옥과 개량한옥을 전문으로 시공하는 ㈜채세움에서 맡았다. 건축주는 사람이 살아가는 데 있어 기본인 의식주의 하나인 주(住) 본연의 역할은 건강한 삶을 이어가는 데 조력자가 되어야 한다고 생각한다. ㈜채세움은 '새집증후군'이나 '화학물질 증후군' 등 신조어를 낳으면서까지 건강한 삶에 역행하고 있는 안타까운 현실에 대응하여, 주택이 행복하고 건강한 삶에 도움을 주지는 못할지언정 해를 끼쳐서는 안 된다는 믿음을 지키고 있다. 건강을 우선으로 하는 숯단열벽체는 나무로 프레임을 짠 후 왕겨숯을 가득 채우고 부직포로 막은 다음 대나무를 가로 세로로 엮어 흙을 채워 넣고 마감할 수 있도록 만든 것인데, 사전 제작된 벽체를 세우고 흙으로 마감하면 숯 단열 흙벽이 완성된다. 방 한 칸에 놓은 회전구들은 고래바닥을 평평하지 않고 마치 가마솥 바닥처럼 움푹하게 파는 방식으로 방 전체의 고래를 원형으로 조성하는데, 불을 때고 난 후에는 고래 안을 진공상태로 만드는 원리이다. 한 번 불을 때면 그 열기가 5일, 최장 7일까지 가서 난방비를 획기적으로 줄일 수 있고 건강에도 좋은 난방방식이다. 이렇듯 곳곳에 정성 들여 지은 개량한옥은 구들방의 온기만큼이나 부부의 따뜻한 사랑이 녹아 있는 편안한 집이 되었다.

막새기와와 서까래, 도리 등 한옥구성의 멋스러움이 돋보인다.

01_ 경사지를 최대한 활용하기 위해 옹벽을 쌓은 후 건축을 했다.
02_ 건물 우측에서 바라본 모습.
03_ 방 하나는 회전구들로 구들방을 시공했다. 왼쪽에는 나지막한 전축굴뚝이 보인다.

01_ 주택 전면에 넓은 데크를 설치해 생활에 편리한 공간을 만들었다.
02_ 현무암 디딤돌을 놓아 이동이 편리하게 했다.
03_ 입구의 빨간 우체통이 포인트가 되고 흰색톤의 집과 잘 어울린다.
04_ 전축굴뚝. 회전구들은 굴뚝이 낮아도 연기배출이 잘 된다.

01_ 전면에 가로로 시원스레 뚫린 창으로 마을이 훤히 내려다보인다.
02_ 황토벽에 액자 모양으로 타일을 붙여 아트월을 만들었다.
03_ 흰색 톤의 주방가구가 눈길을 끄는 실용적인 ㄴ자형의 주방이다.
04_ 종도리에 상량문이 보인다. 화재를 예방하고자 하는 용귀(龍龜)라는 글 가운데 날짜가 적혀 있다.

05_ 거실에서 바라본 주방 옆의 다용도실이다.
06_ 밝고 아늑함이 느껴지는 침실이다
07_ 욕실의 천장은 편백나무 루버로 마감했다.

01_ 거실 쪽에서 바라본 구들방.
02, 05_ 구들방에 깔아놓은 왕골로 만든 화문석 돗자리이다.
03_ 돗자리, 편백나무 루버, 황토벽, 연등천장이 구들방에 잘 어울린다.
04_ 벽 하단부에는 800mm 높이까지 편백나무 루버로 마감하고 그 위로는 황토마감했다.
06_ 구들방에 선반을 설치해 이불 등을 수납할 수 있게 했다.

01_ 측면에서 본 현관 포치로 기둥이 아주 튼실해 보인다.
02_ 현관에 포치를 설치하면 비나 직사광선을 차단해주고 현관의 고급화와 인지도를 높이는 효과를 낼 수 있다.
03_ 현관에도 거실과 같은 아트월을 만들었다.
04_ 현관중문은 3연동 도어를 설치해 공간의 효율성을 높였다.
05_ 전통한옥에서 내·외부를 연결해주는 중간 공간으로 대청마루, 툇마루, 들마루가 있는데 현대의 주택에서는 데크가 그 기능을 대신하고 있다.
06_ 거실 앞 넓은 데크에 차양을 설치해 사계절 다용도로 사용할 수 있다.
07_ 집 뒤쪽에도 차양을 만들어 물건들을 보관할 수 있는 다용도실로 활용하고 있다.
08_ 다용도실에는 세탁기와 생활용품 등을 보관한다.

09_ 편백나무 향이 가득한 욕실 천장의 상세.
10_ 벽체 하부는 전통미가 있는 전돌을 붙여 마감했다.
11_ 박공을 고정하기 위해 연결 부분에 지네철 대신에 나무판재를 붙여 모양을 냈다.

01_ 함실아궁이가 있는 곳에도 차양을 만들어 불을 지필 때 눈, 비를 피할 수 있게 했다.
02_ 함실아궁이로 내려가는 계단. 회전구들은 특성상 아궁이를 1m 이상 낮게 설치해야 하므로 기초바닥보다 낮게 내려서 설치한다.
03, 04_ 아궁이 입구에 불문을 달면 방의 열기가 오래가게 하고 화재를 예방할 수 있다.
05_ 열기차단장치. 공기 조절기가 있어서 불을 조절한다.

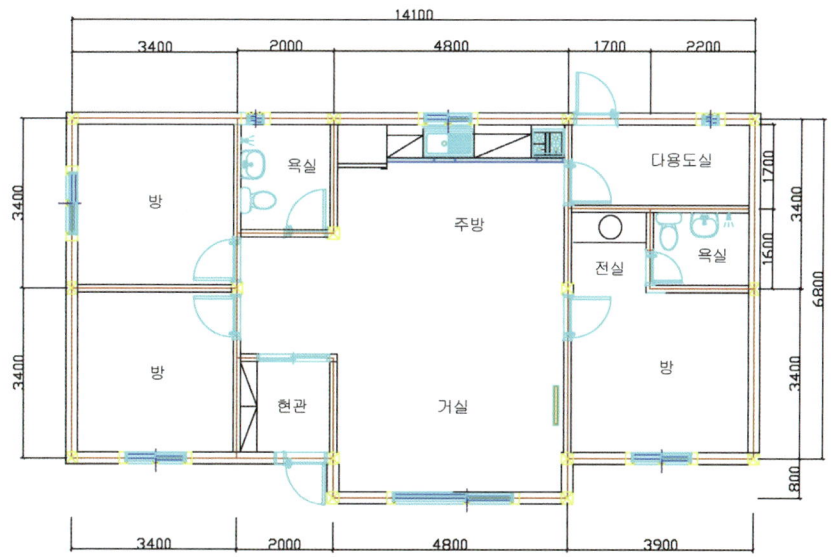

평면도

담을 높이좀 되는 낮은 대문에서 본 정원의 전경. 키 낮은 담장의 벽은 너와를 붙이고 위는 암키와와 수키와로 모양을 내었다.

양평 동오리주택
# 4. 리모델링한 한옥

'자연을 머금은 집'이라는 뜻의 함연당(含然堂)은 약 70년 된 한옥의 기둥과 보, 서까래를 그대로 유지한 채 현대인이 살면서 편리하게 이용할 수 있도록 주말주택으로 리모델링한 한옥이다. ㄴ자형의 평면에 겹처마 팔작지붕의 격식 있는 한옥으로 앞마당에는 아기자기하게 잘 가꾼 정원이 펼쳐져 있다. 사람이 살던 낡은 한옥을 리모델링하면 신축에 따르는 여러 가지 제약이 없어 좋고, 옛집 대부분이 풍수를 고려해 지어져 있으니 바람의 흐름이나 조망 등에 만족하고, 또 신축하는 한옥보다 저렴하게 지을 수 있는 경제적인 이점까지 있어서 좋다.

곱게 차려입은 한복에 하이힐이 어울리지 않듯이 한옥에 현대식 자재를 잘못 사용하면 조화로움이 깨져 전통미를 잃어버리기 쉽다. 건축주는 시공업체와 건축설계 협의 시 이런 점을 고려하면서 가족의 건강을 위해 친환경 자재만을 사용해 줄 것을 주문했다. 기둥 사이로 공간을 나누어 도리와 보로 결구하고 벽체는 압축 흙벽돌을 사용했다. 세월의 때가 묻은 나무 기둥과 보를 깎고 다듬으면서 썩어서 못 쓰는 부분은 새로운 나무를 교체하거나 덧대었다. 넓은 공간이 필요한 거실과 안방은 보강 후 면적을 차지하는 여러 개의 기둥을 제거하고 공간을 확보했다. 주방과 이어지는 통로 기둥에는 와편을 이용하여 인테리어 효과를 내고, 욕실 천장에는 천창을 설치하여 채광뿐만 아니라 습기제거 효과도 높였다. 거실과 안방 등은 되도록 창을 많이 내 밝은 실내 분위기를 유지하고 외부를 조망할 수 있게 했다. 팔작지붕과 연등천장의 전통 요소에 창호, 마감재 등의 현대적인 요소를 적절히 활용하여 전통미를 살리면서 전체적인 조화를 이끌어 냈다. 이 외에도 집안 곳곳에 인사동에서 구매한 소품들을 장식해 실

## 황토집
### 113㎡ (34평)

| 위　　치 | 경기도 양평군 강하면 동오리 |
| 건축형태 | 한식목구조주택 |
| 대지면적 | 489㎡(148py) |
| 건축면적 | 113㎡(34py) |
| 건축설계·시공 | 예록 2인의 건축 |

http://www.y2a.co.kr  T. 031-775-0092

조형미가 있는 토축굴뚝, 그 속에서 모락모락 피어나는 하얀 연기는 전원주택에서만 볼 수 있는 정겹고 아름다운 풍경이다.

내는 정갈하면서도 고풍스러운 전통 분위기를 물씬 풍긴다.

한옥을 리모델링하면서 집을 생각하는 건축주의 남다른 안목과 시선이 고스란히 반영되었음을 알 수 있다. 현대적인 요소를 끌어들여 접목시켰음에도 서로 이질감이 들지 않고 멋진 조화를 이룬 공간을 연출하였다. 나지막한 자연지형에 맞게 정원의 담장은 낮추고 주변에는 키 작은 나무를 심어 앞마당을 시원스럽게 비워 전통한옥 마당의 여백미를 살리고, 기존에 있던 마당의 우물도 정원의 멋진 첨경물이 되었다. 주변의 아름다운 경관을 차경하면 한옥은 더욱더 아름답고 운치 있는 분위기가 된다. 한옥은 자연의 순리를 거스르지 않는다. 물이 흐르는 곳이 있으면 도랑을 파고 물이 고이는 습지가 있으면 수생식물을 심어 주변을 아름답게 꾸미면 그만이다. 자연지형을 훼손하지 않고 있는 그대로 활용하여 주변의 자연과 조화를 이루는 집이 바로 한옥이다.

건축에서부터 조경까지 한 업체에 모두 맡겨 요소 하나하나에 전체적인 조화를 꾀하며 리모델링을 완성했다. 한식목구조 흙벽돌집으로 리모델링한지 벌써 10년이나 지났다. 급변하는 현대를 살아가고 있는 사람들은 늘 조급하게 새로운 것을 쫓고 있지만, 몇 년 지나지 않아 집도 유행이 있다는 것을 알게 된다. 그러나 자연에 순응하는 한옥은 시간이 지나면 지날수록 그 가치를 더한다. 약 70년이나 된 함연당은 과거의 세월을 그대로 안은 채 새로운 전통미와 현대적 요소가 어우러진 아름다운 한옥 공간으로 재탄생 하였다.

수돗가와 우물 주위 곳곳에 놓인 항아리와 석탑 등이 정원을 더욱 풍성하게 한다.

01_ ㄴ자형의 평면에 겹처마 팔작지붕의 격식 있는 한옥으로 정성이 느껴지는 정원에 침목으로 디딤목을 놓아 동선을 유도한다.
02_ 마당 한쪽에 약 70년 된 우물을 그대로 살려 감수성이 묻어나는 공간이 되었다.
03_ 맷돌과 항아리를 이용한 등을 정원 조명등으로 배치하여 고풍스러운 분위기이다.

01

01, 02_ 기둥 사이로 공간을 나누면서 벽체는 압축 흙벽돌을 사용했다.
03, 04_ 눈꼽재기창과 암키와 와편을 이용한 패널로 외부에 인테리어 효과를 주니 전통미가 살아난다.

01_ 거실 전면에는 전원 풍경을 충분히 감상할 수 있게 창을 크게 냈다. 거실창의 문얼굴로 낮은 둔덕의 정원과 겹처마와 와편으로 마감한 집 외부가 풍경으로 들어온다.
02_ 거실 전면창의 문얼굴로 잘 가꾼 정원과 전원 풍경이 가득하다.

거실에는 구들을 놓고 보조난방으로 벽난로를 설치했다.

01_ 거실 바닥은 온돌마루, 벽은 황토를 바르고, 천장은 서까래가 노출된 연등천장이다.
02_ 나뭇결이 살아 있는 휜 나무로 결구한 오량가로 서까래 사이를 회벽마감 했다.
03_ 서까래가 추녀 옆에 엇비슷하게 붙는 마족연으로 서까래 사이를 회벽으로 마감해서 깔끔하다.
04_ 주방으로 이어지는 통로 기둥에 와편으로 꾸민 인테리어가 고급스러운 분위기를 자아낸다.
05_ 편액. 함연당(숨然堂)은 '자연을 머금은 집'이라는 뜻이 있다.

01_ 앙증맞은 눈꼽재기창도 인테리어 요소로 잘 살려냈다.
02_ 욕실 천장에는 천창을 설치하여 채광뿐만 아니라 습기제거 효과도 높였다.
03_ 정면에서 보이는 처마는 겹처마로 하고 측면은 홑처마로 격을 달리했다.
04_ 합각을 암키와 수키와 와편만으로 만들어 단순하면서도 멋스러운 분위기를 자아낸다.

01_ 굴뚝은 기능만큼이나 미적인 요소를 담고 있다.
　　조경과 어우러져 감상할 수 있는 포인트가 된다.
02_ 처마 밑에 땔감용으로 쓰일 장작이 쌓여있다.
03_ 불때기한 함실아궁이에 잔불이 남아있다.
04_ 대량생산이 가능해진 프레스 방식의 황토벽돌을 사용했다.
05_ 벽체 하단부를 화방벽으로 했다.
06_ 기단 위를 검은색을 띠는 점판암으로 마감하여 장식 효과를 냈다.

만대재는 전통방식만을 고수하여 지은 황토집이라 더욱 토속적인 분위기가 배어나는 한옥펜션이다.

순천 만대재
# 5. 생황토 한옥펜션

전라남도 남해안 고흥반도와 여수반도 사이에 세계 최대의 5대 연안습지로 유명한 곳 순천만이 있다. 갯벌에 빽빽하고 광활하게 펼쳐져 있는 갈대밭과 철새들이 군락을 이루는 멋들어진 풍경으로 '하늘이 내린 정원'이란 수식어까지 가진 순천만 자연생태공원은 해마다 많은 사람이 찾는 곳이다. 살아 숨 쉬는 생황토 흙집, 한옥펜션 만대재는 이 공원주차장 근처에 자리 잡고 있다.

평소 주인장의 우리 전통한옥에 대한 각별한 애정이 황토를 빚어 지은 만대재에 고스란히 녹아있다. 기와를 얹은 단정한 흙 담장, 붉은빛의 황토 벽체, 한옥의 기와지붕은 외관부터 이웃 펜션들과는 사뭇 다른 전통과 향토적인 멋스러움이 묻어나 사람들의 이목을 끄는 곳이다. 대개 유명 관광지 부근의 펜션들이 목조나 철근콘크리트 건축자재로 지은 것과는 달리 만대재는 전통건축양식을 그대로 고수해 황토 흙으로만 빚어 만든 한옥이다. 구들방, 기와, 대청마루, 아궁이, 굴뚝까지 예로부터 내려오던 건축방식과 선조들의 지혜를 따르려고 많은 노력을 기울였다. 노곤한 몸으로 하룻밤을 청하려는 손님들에게 기왕이면 살아 숨 쉬는 건강한 방을 내놓아 황토구들방의 좋은 점을 몸소 체험할 수 있는 기회를 갖게 해보겠다는 주인장의 건강에 대한 뜻 깊은 생각에서 지어진 한옥펜션이다.

만대재는 전통한옥인 본채에 식당으로 사용하는 별채를 확장하여 전체적으로 ㄷ자형으로 배치되어 있다. 본채의 외형은 정면 5칸, 측면 2칸에 정면 2칸, 측면 2칸을 이어 ㄴ자형의 평면으로, 토축기단 위에 맷돌로 원형초석을 놓

## 황토집

### 149㎡ (45평)

| 위 치 | 전라남도 순천시 대대동
| 건축형태 | 한식목구조주택
| 대지면적 | 564㎡(171py)
| 건축면적 | 149㎡(45py)
| 건축설계·시공 | 건축주 직영

식당채 측면에 세살문의 벼락닫이 창을 달아 음심도 내고 손님을 맞을 수 있게 했다.

고 둥근기둥을 세워 층고를 높이고 빗살 광창을 설치한 전퇴가 있는 직절익공 홑처마 팔작집이다. 본채의 좌측 뒤편으로는 반 칸을 늘려 부엌과 다용도 공간으로 활용하고 있다. 별채의 외형은 정면 3칸, 긴 측면 1칸의 一자형 평면으로 본채와 같은 토축기단 위에 맷돌로 원형초석을 놓고 둥근기둥을 세운 홑처마 맞배집이다. 별채 측면의 박공 밑으로 비바람을 막는 풍판 대신 눈썹처마와 벼락닫이창을 달아 만대재를 찾는 손님을 맞는 건물의 표정이 되었다. 실내의 주방과 화장실은 개량한옥 방식을 따라 현대생활에 맞는 편리함을 갖추었다.

황토 구들방은 직접 자고 체험해본 사람만이 그 진가를 알 수 있다. 오랜 세월 아파트생활만 해왔던 사람이라면 그 차이점을 더 분명하게 느낄 수 있을 것이다. 습도조절이 어려운 아파트 실내에서는 여름엔 제습기, 겨울엔 가습기가 필수다. 그러나 흙집은 이런 것들이 불필요하다. 흙으로 만든 벽체가 자동습도조절 기능을 하고 있기 때문이다. 흙집에서 자고 일어나면 몸이 개운하고 상쾌한 기분이 드는 것은 바로 이런 이유가 있다 할 수 있다.

하늘이 내려준 공원 순천만자연생태공원의 갈대 군락지에서 한참 아름다운 경치를 감상하고 난 뒤 노곤해진 몸의 피로를 풀기 위해 이곳 만대재 한옥펜션을 찾아가 따뜻한 구들방에서 하룻밤을 청해 보는 것은 매우 색다른 체험으로 좋은 추억이 될 것이다. 향토적인 분위기에 뜨끈뜨끈한 황토구들방, 거기에 후덕한 주인장의 넉넉한 마음까지 더해져 한옥펜션 만대재는 몸과 마음을 모두 편안하게 쉬어 갈 수 있는 곳이다.

둥근 서까래 사이를 회를 발라 당골막이를 했다.

01_ 도로를 지나다 보면 만대재의 토속적인 외관이 눈에 가장 띄어 마음을 끈다.
02_ 측면 1칸의 긴 ―자형 별채는 손님을 위한 식당공간이다.
03_ 만대재의 지붕사이로 와편을 이용해 쌓은 와편굴뚝이 한옥의 운치를 더한다.

01_ 정면에는 손님을 위한 대문을 뒤쪽에는 차량을 위한 대문을 넓게 설치했다.
02_ 전통한옥의 마당처럼 자연스럽게 비워두고 한가운데 손님을 위한 평상을 배치했다.
03_ 한여름 시원하게 마당에서 손님상을 낼 수 있도록 한옥과 어울리는 평상을 제작해 배치했다.

01_ 밋밋한 마당 공간에 황토집과 어울리는 목심을 군데군데 박아 장식적인 효과를 냈다.
02_ 지붕 위의 잔디가 이채롭게 느껴지는 평상이다.
03_ 흙으로 만든 기단 위에 나무기둥과 흙벽체, 날렵하게 빠진 추녀, 모두 전통의 향토적인 멋을 끌어내는 요소들이다.

01, 02, 03_ 호박, 오이, 사과, 수박 농작물의 이름을 붙인 객실이름이다.
　　　　　 객실은 말끔하고 시원하게 놓인 툇마루를 통해 안으로 들어가게 되어 있다.
04_ 흙기단 위에 디딤돌을 놓아 오르내릴 수 있게 했다.
05_ 구들방의 부뚜막아궁이 모습
06_ 구들방의 함실아궁이 모습

01

02

03

04

05

06

07

08

01_ 창으로 달아 낸 세살여닫이 창문이다.
02_ 정갈한 객실 입구에 툇마루와 자연석 디딤돌이 놓여 있다.
03_ 고가 높은 연등천장의 모습.
04_ 만대재는 전통방식 그대로 구들방체험을 할 수 있도록 침대를 사용하지 않는다.
05_ 실내는 나무기둥과 서까래가 노출된 연등천장, 한지벽지, 콩댐장판 등 모두 건강에 이로운 자연 친화적인 소재로 꾸며져 있어 하룻밤 자고 나면 몸이 개운하고 정신이 맑아진다.
06_ 화장실은 편리성을 위해 전통과 현대적인 요소를 혼합하여 말끔하게 꾸몄다.
07_ 전통적인 방 분위기에 맞게 화장실 문도 나무로 제작해 달았다.
08_ 완자살 문양의 여닫이창.
09, 11_ 건물 양쪽 측면 칸의 외기에 구성되는 눈썹천장이다.
10_ 기둥과 보가 서로 연결되는 부분에 보아지를 대어 보강해 주었다.
12_ 천장등 아래 용자살문양의 창호 갓을 달아매어 은은한 빛과 함께 한옥 분위기에 어울린다.

13, 14_ 콩댐장판과 한지 벽지
15_ 전기배선을 옛날식대로 노출해 하나의 장식품처럼 이용했다.

본채 2층 구조를 콘크리트 기초로 하여 튼튼하게 했다.

용인 좌항리주택

# 6. 투박하지만 건강에 좋은 집

황토집은 조선시대의 막사발과 같이 투박하지만, 토속적인 외관과 특히 건강에 좋은 집이라는 인식으로 사람들의 관심거리가 되었다. 황토집을 짓고자 할 때는 이와 같은 측면에서 접근해야 실수가 적다. 황토는 태양에너지의 저장고라 불릴 정도로 동·식물의 성장에 꼭 필요한 원적외선을 다량 함유한 살아있는 생명체이다. 원적외선이 세포의 생리작용을 활성화하여 오염된 하천이나 어항, 적조현상으로 죽어가는 바다를 회복시키기도 한다. 또한, 신진대사를 왕성하게 하여 노화방지나 피부미용에도 탁월한 효과가 있다.

이런 황토의 장점들이 알려지면서 황토구들방이나 황토찜질방, 황토집을 지으려는 사람도 꾸준히 늘고 있다. 황토는 우리 주변에서 흔히 구할 수 있는 건축재료로 가격도 저렴한 편이다. 그럼에도 불구하고 황토집의 시공비가 만만치 않은 것은 인건비가 상당 부분을 차지하기 때문이다. 인건비 문제만 해결할 수 있다면 비교적 저렴한 비용으로 황토집을 지을 수 있다. 먼저 흙의 속성을 이해하고, 흙을 다루는 전문적인 기술을 익힌 다음 주변에서 흙을 구하여 가족들과 함께 힘을 합친다면 적은 비용으로도 얼마든지 건강에 좋은 황토집을 지을 수 있다.

황토벽돌집은 황토로 만든 벽돌을 사용해 짓는다. 벽돌의 대량생산만 가능하다면 황토집을 짓는 방법 중 가장 좋은 방법이 될 수 있다. 황토집의 질을 높이고 건축기간을 단축하는 것은 바로 이 황토벽돌에 달려 있다. 손수 흙을 개고 벽돌 틀을 이용해 손으로 하나하나 찍어내는 재래식 방법의 황토벽돌은 품질은 양호하나 표면이 거칠고 대량생산이

## 황토집

### 본채 : 165㎡(50평)
### 별채 : 16.5㎡(5평)

| 위　　　치 | 경기도 용인시 처인구 원삼면 좌항리 |
| --- | --- |
| 건축형태 | 황토주택 |
| 대지면적 | 645㎡(195py) |
| 건축면적 | 본채 : 165㎡(50py), 별채 : 16.5㎡(5py) |
| 건축설계·시공 | 유민구들흙건축 |

낮은 대문을 여니 팔작지붕의 본채와 모임지붕의 별채가 한눈에 들어온다.

불가능하다. 반면 기계로 찍어내는 황토벽돌은 외부표면이 정교하고 대량생산이 가능하나 품질은 재래식 방법보다 떨어진다. 이 때문에 건강을 위한 황토집을 원한다면 정성을 들여 손수 만들어낸 벽돌을 사용하는 것이 좋겠다.

이 건물은 2층 구조여서 콘크리트 기초를 최대한 튼튼히 했다. 기초의 폭은 50cm, 높이는 180cm로 하여 레미콘 물량만 54㎥가 소요되었다. 황토벽돌을 재래식 방법으로 손수 만들어 지은 현장으로 오랜 경험과 기술이 집약된 공사였다. 기둥 없이 황토벽돌만을 사용하여 2층 건물을 짓는다는 것은 흙의 성질을 제대로 이해하지 못하거나 흙에 대한 믿음이 부족하면 시작하지 못했을 것이다. 현장 주위에서 덤프트럭으로 황토를 구매하고 작은 유압식 황토벽돌 기계를 사들여 근처에 비닐하우스를 설치한 다음, 황토벽돌 2만 장 이상을 생산하여 진행한 공사기간은 5개월이 걸렸다. 공사기간이 길어지면서 경제적인 어려움도 뒤따라 아쉬움이 남는 현장이기도 하지만, 1층과 2층을 복층으로 설계하여 층간 소음을 완전히 차단함과 동시에 완벽한 단열처리로 여름에는 시원하고 겨울에는 따뜻한 만족스러운 황토집을 지었다. 1층 벽은 그 두께를 50cm로 하고 2층 벽은 30cm의 벽체로 황토벽돌을 꼼꼼히 쌓고 천장 위에 순황토를 30cm 이상 올려 완벽하게 단열처리를 한 점 등, 이 현장을 통해 얻은 많은 시행착오와 경험은 이후 황토집을 짓는데 큰 밑거름이 되었다. 오래간만에 건축주를 뵈었을 때 몇 해 전보다 더욱 맑고 밝아진 얼굴을 보니 역시 황토집이 건강에 좋다는 것이 틀림없는 사실임을 확인할 수 있었다.

함석으로 물받이를 만들었다.

01_ 기둥 없이 황토벽돌만 사용하여 지은 2층 홑처마 팔작지붕이다.
02_ 토속적인 외관과 건강주택이라는 장점을 살려 지은 황토집으로 입구에는 철쭉과 금낭화가 만발했다.
03_ 집 주변으로는 꽃과 나무들이 한창이다.

01_ 별채는 원형으로 벽돌쌓기 작업이 쉽지 않은 구조이므로 안쪽은 벽돌 사이를 붙이고
　　 바깥쪽은 손가락이 하나 들어갈 정도로 벌려서 쌓은 후 황토미장으로 마무리했다.
02_ 서까래로만 구성된 홑처마이다.
03_ 귀를 세 번 접은 귀접이천장 가운데에 간결한 천장등을 달았다.
04_ 주방 위는 사각기둥을 걸쳐 만든 고미반자로 했다.

01_ 복층구조로 2층으로 오르내리는 계단의 모습이다.
02_ 빨간 우체통이 희소식을 기다리고 있다.
03_ 처마에 매달은 풍경(風磬)은 바람이 부는 대로 흔들리며 맑은소리를 낸다.
04_ 황토 벽체에 목심을 심었다.
05_ 건물 전면의 토방에는 얇은 점판암을 깔아 마감했다.
06_ 방바닥은 축열기능이 있는 황토대리석을 깔았다.

## 황토주택 시공과정

01_ 본채의 기초공사는 폭 50cm, 높이 180cm로 했다.
02_ 별채는 5평(16.5㎡) 규모의 원형평면으로 정교하게 기초공사를 했다.
03_ 콘크리트 기초에 스며드는 습기를 차단하기 위해 소금과 숯을 넣는다.
04_ 현장 주위에서 직접 구매한 황토로 황토벽돌을 만들었다.
05, 06_ 1층의 벽두께는 50cm, 2층은 30cm로 하여 황토벽돌을 꼼꼼히 쌓았다.
07_ 1층 천장을 마무리하고 2층 벽체에 황토벽돌을 쌓고 있다.
08_ 별채로 서까래를 걸고 개판을 덮는다.
09, 10_ 지붕공사를 완료한 후 구들공사를 한다.
11_ 천장이 완성되고 나면 내부의 귀접이천장이 웅장하게 드러난다.
12_ 공사가 완료된 황토집.

넓은 잔디밭에 통나무 황토집을 지었다. 겹겹이 층을 이룬 처마와 박공지붕의 짜임새가 구성지다.

당진 대합덕리주택
# 7. 황토 빛이 가득한 통나무 황토집

전원주택지로 좋은 땅은 '편안한 땅', '온화한 땅'이다. 부지를 바라볼 때나 발을 딛고 주위를 둘러볼 때 편안함이 느껴지는 땅이 좋은 땅이다. 이런 좋은 집터에 지어진 통나무 황토집 주변은 산이 높지 않고 넓은 들판으로 이루어져 있어 멀리 지평선까지 내다보이는 시원스런 풍경이 펼쳐진 매력적인 곳이다. 기둥과 보, 도리, 장선 등 모든 구조는 통나무를 사용하고 벽체는 전통 벽체방식인 외엮기를 이중으로 하여 가운데에 숯가루를 넣고 양쪽을 황토미장으로 마감했다. 나무를 건조해 가공한 한옥의 부재라 해도 함수율이 20% 정도는 남는다. 그러므로 통나무나 황토벽이 수축하면서 벌어지는 틈과 구조적으로 수평 방향으로 쏠리는 횡력을 잡아줄 마땅한 대책이 필요했는데, 전통 벽체방식인 전통단열외로 이런 고민을 모두 해결할 수 있었다. 전통단열외 벽체는 통나무구조와 전통 외엮기를 일체화시켜 횡력을 잡는다. 외엮기는 이중으로 하여 가운데에 건강에 좋은 숯가루를 넣음으로써 단열문제를 해결하고 건강도 챙기는 이중 효과를 거두었다.

통나무 황토집의 수명은 보통 통나무 자체의 수명보다는 구조와 유지보수에 의해 결정된다. 집의 긴 수명을 유지하기 위해서는 건축당시부터 보존을 염두에 두고 비와 햇빛으로부터 적절하게 보호하면서 습기가 차지 않고 환기가 잘 되는 구조라야 한다. 통나무 황토집에 쓰인 통나무는 지진과 태풍 같은 자연재해에 강한 연구조 공법으로, 부재 하나하나가 물

## 황토집

### 165㎡(50평)

| 위　　　치 | 충청남도 당진시 합덕읍 대합덕리 |
| 건축형태 | 통나무 황토집 |
| 대지면적 | 830㎡(252py) |
| 건축면적 | 165㎡(50py) |
| 건축설계·시공 | 토방건축 설계사무소·<br>우드빌 |

계단을 오르면 넓게 설치된 데크가 현관과 연결된다.

리적으로 분리되어 지진 등의 진동을 모두 흡수할 수 있는 구조이다. 또한, 건조한 겨울에는 수분을 뿜어내고 다습한 장마철에는 반대로 내부의 수분을 흡수하여 실내의 습도를 적당하게 유지해 줄 뿐만 아니라, 나무의 섬유세포가 공기를 다량으로 함유하여 콘크리트의 10배 정도 되는 높은 단열성으로 건강하고 쾌적한 집을 만드는 데 중요한 역할을 한다.

벽체와 바닥에 쓰인 황토의 장점은 열을 받으면 적외선보다 파장이 긴 비가시광선인 원적외선이 방출되는데 이것이 인체 내 세포에 흡수되면서 세포를 활성화시키고 신진대사를 촉진하여 각종 질병에 치유력이 있는 것으로 밝혀져 있다. 또 다른 장점은 높은 단열성으로 바깥 공기의 더움과 차가움을 효율적으로 차단하여 자연스러운 냉난방 효과는 물론 미립자를 통한 통풍작용으로 주택 내부의 쾌적한 공기밀도를 유지하면서 습도조절 기능을 하는 것이다.

이 건물의 내·외부는 황토색 톤으로 통일감을 주고 단열을 보강하기 위해 같은 톤의 시스템창호를 설치하여 기밀성을 확보하고 자연채광이 잘 들도록 했다. 방바닥은 황토대리석으로 마감하고 욕실 겸 화장실은 실용적인 현대식으로 마감했다. 겹겹이 층을 이룬 처마와 다양한 얼굴을 한 박공지붕은 오지기와를 얹어 고급스럽게 마감했다.

건축주는 평생 일궈온 공장 옆에 친환경 자재인 통나무로 이처럼 황토집을 짓고 구들방을 만들어 일과 후 노곤해진 피로를 풀며 심신을 재충전할 수 있는 편안한 공간의 쉼터를 마련하였다.

건물 뒤편으로 통나무 기둥과 상·중·하인방을 연결해 구조를 일체화했다.

01_ 본채 옆으로 나란히 사랑채를 지었다.
02_ 넓은 들판과 시원스러운 정원이 펼쳐지는 언덕 위의 통나무 황토집이다.
03_ 도로변에서 자연스럽게 좌로 굽은 길을 따라올라 오른쪽으로 돌면 시원스럽게 펼쳐진 정원에 통나무 황토집이 있다.

01_ 입구에서 바라본 건물 측면으로 함실아궁이가 달린 구들방과 벽돌로 정성스레 쌓은 전축굴뚝이 있다.
02_ 복층구조로 외부로 노출된 계단을 통해 2층으로 오른다.
03, 04_ 구조미가 있는 현관 포치와 2층으로 오르는 계단이 조화를 이룬다. 현관 부분은 돌출되게 포치를 만들어 공간 활용도를 높였다.
05_ 건물 전면에 횡축으로 동선을 이어주는 넓은 데크가 있다.
06_ 2층으로 올라가는 계단난간 상세

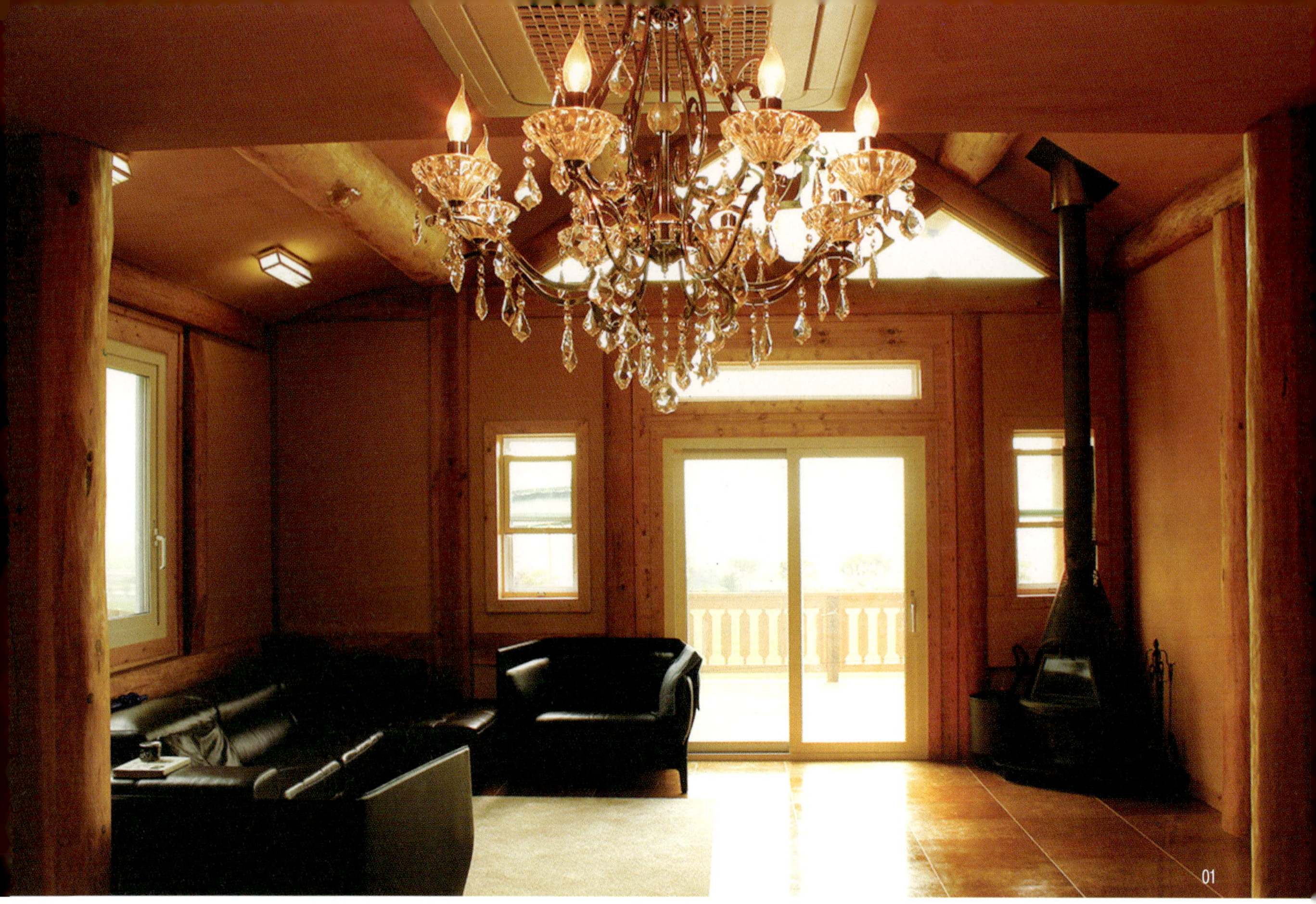

01

01_ 기둥과 보 등 구조물은 통나무를 사용하고 벽체는 황토미장, 바닥은 황토대리석으로 마감하여 전체적으로 통일감을 주었다.
02, 03_ 미닫이 전면창, 광창, 오르내리창, 합각창을 시스템창호로 제작하여 단열문제를 해결하고 거실을 밝게 했다.
04_ 거실, 식당, 주방을 일체화한 LDK(Living Dining Kitchen)구조이다.
05_ 바닥의 황토대리석, 통나무 기둥, 황토벽이 같은 톤으로 조화를 이룬다.

02

03

04

05

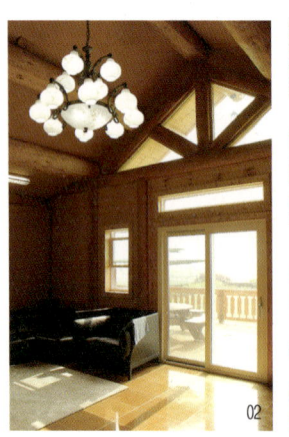

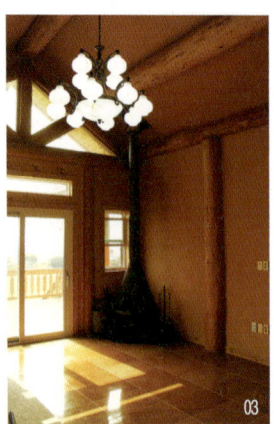

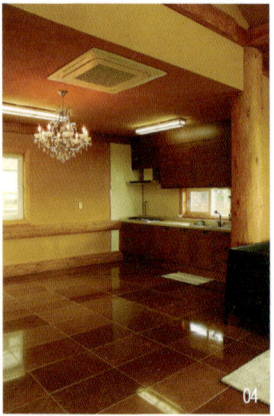

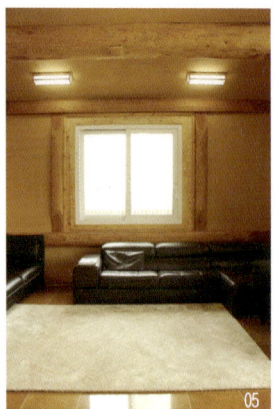

01_ 벽 쪽의 합각에는 황토 빛이 온화하게 흐른다.
02_ 원기둥 위로 보와 도리를 업힐장 받을장으로 단단하게 결구했다.
03_ 종보에 천장등을 달았다.
04, 05_ 전통문양이 있는 간결한 방형의 천장등이다.
06_ 황토대리석 바닥은 겨울에 불을 때면 축열기능이 있어 온기가 오래가고 여름엔 시원하다.
07_ 벽의 황금빛은 황토로 미장하고 마르기를 4번이나 해서 얻은 자연색이다.

08_ 집의 첫인상을 좌우하는 현관문은 기능뿐만 아니라 보기에도 좋은 스틸도어로 했다.
09, 10_ 현관 중문에 설치한 3연동도어를 스테인드글라스로 했다.
11_ 현관 부분 양쪽에 붙박이장을 설치했다.

01_ 데크 하단부를 트랠리스로 깔끔하게 마감했다.
02, 03_ 2″×2″ 각재를 양쪽으로 덧붙여 난간동자를 만들었다.
04_ 맞배지붕의 포치에 생긴 합각을 2개의 직각삼각형으로 모양을 내었다.
05_ ㅅ자 모양의 박공을 도리에 고정한다.
06_ 암수를 일체화한 오지기와이다.
07_ 현관 바닥에 예스러운 멋이 있는 대리석을 깔았다.
08_ 동 물받이를 설치했다.
09_ 천장 결로에 의한 골조 부식을 막기 위해 설치한 처마밴트이다.
10_ 벽난로 연통이다.

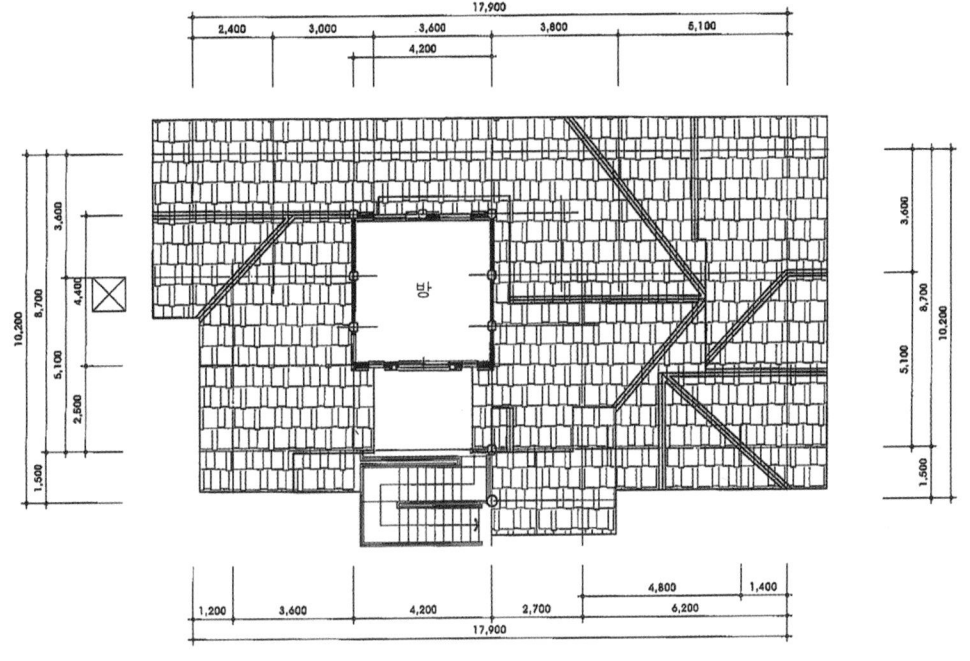

2층 평면도

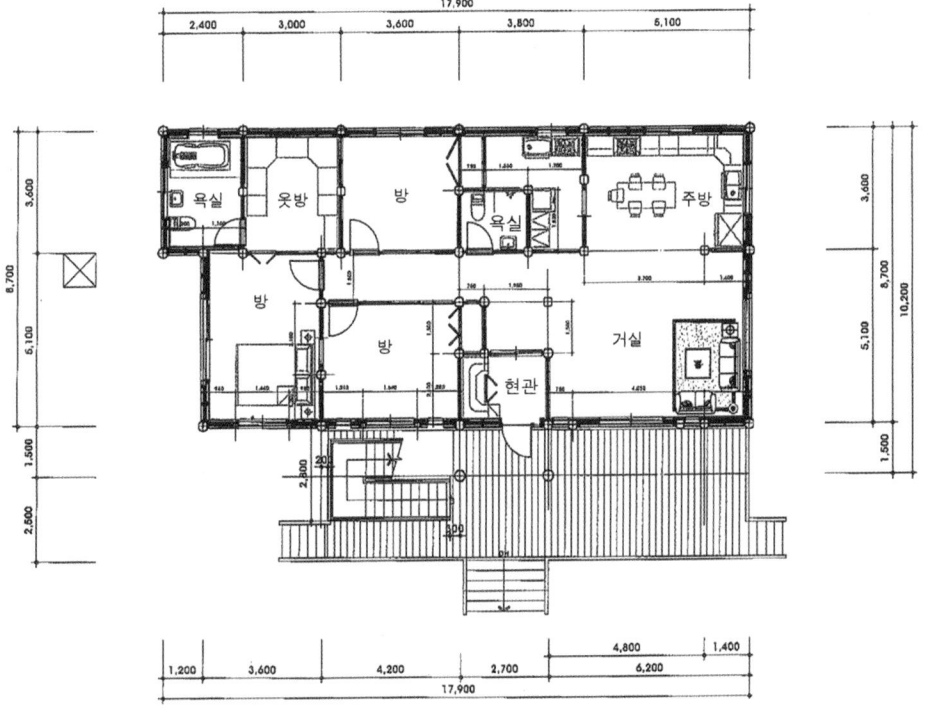

1층 평면도

채와 채가 멀찍이 떨어져 있어 공간적인 여백의 여유로움이 있다.

원주 푸른솔펜션
# 8. 몸과 마음을 치유하는 황토펜션

무역업으로 크게 성공한 건축주는 평소 명상, 요가, 수련 등에 깊은 관심을 두고 여러 단체에서 활동해오다 이곳에 땅 660,000㎡(20만 평)을 사들여 정착하였다. 아시아에서 가장 큰 피라미드 명상관을 지으면서 큰 인기를 끌게 되자 목심황토집을 지어 펜션 사업도 하게 되었다. 궁극적으로 황토마을을 조성하고 구들전시관을 세운다는 원대한 목표를 세우고 우선 원형 찜질방 1동과 황토집 2동을 지었다.

울창한 원시림에 둘러싸인 푸른솔펜션은 숨 가쁜 도시생활에서 잠시 벗어나 사랑하는 사람들과 함께 사계절 아름다운 자연을 감상하며 휴식과 자유를 즐길 수 있는 곳이다. 숲 속 오솔길 산책로, 야외동굴, 카페와 바비큐장, 유기농 먹거리와 황토 숙박시설 등 오감 만족에 부족함이 없는 자연의 쉼터이다. 황토 숙박시설은 공간의 용도와 쓰임새에 따라 단독 채로 지어져 있으며 각각의 채가 모여 독립과 상생의 구성공간을 이루는 하나의 건축물로 주변 자연환경과도 잘 어울린다. 채와 채가 멀찍이 떨어져 있어 서로 바라보는 심리적 부담과 시각적 피로로부터 자유로운 공간의 여유가 있다. 또한, 채와 채 사이의 공간에 바람길이 통하고 순환이 이루어져 아름다운 풍경작용이 일어나듯, 마음을 비우면 비울수록 아름다운 선함과 여유로움으로 채워져 정신이 맑아지고 육체가 건강해지는 곳이다.

찜질방은 원형 건물로 완성한 후에 현관과 반침을 달아내어 건물의 규모가 조금 늘어나 실용적인 면에서는 훨씬 좋아졌지만, 처음부터 이런 계획이었더라면 본 원형건물을 좀 더 높게 했으면 좋았을 텐데 하는 아쉬움이 남는다. 원형건물은 참선, 요가, 수련 및 명상 등 정신수양에는 더없이 좋은 구조로 건물의 벽두께는 33cm로 하고 창호는 2

## 황토집

원형 찜질방 : 23㎡(7평)
단층 황토주택 : 66㎡(20평)
복층 황토주택 : 198㎡(60평)

| 위　　치 | 강원도 원주시 지정면 판대리
| 건축형태 | 황토주택
| 대지면적 | 11,173㎡(3,386py)
| 건축면적 | 원형 찜질방_23㎡(7py),
　　　　　　단층 황토주택_66㎡(20py),
　　　　　　복층 황토주택_198㎡(60py)
| 건축설계·시공 | 유민구들흙건축

기존에 있던 목심흙집으로 복층구조의 황토주택이다.

중 목창으로 하였으며 화장실을 현관 옆에 두어 찾아오는 손님이 불편하지 않도록 했다. 규모는 크지 않지만, 외관이 아름답고 공간구조가 실용적인 건축물이다. 두 동의 황토주택은 20평(66㎡) 규모로 양쪽으로 구들방 2개, 가운데는 거실을 두고 화장실을 배치한 홑처마 팔작지붕이다. 방의 천장구조는 규모에 따라 좌측의 큰방은 귀를 3번, 우측 작은방은 1번 접은 귀접이천장으로 하고, 삼량가인 마루 위 천장은 경사면을 따라 루버로 마감했다. 고창에서 막 올라온 순황토벽돌은 압축강도가 높지 않아 유실이 생겼으나 시공이 마무리되는 시점에는 매우 단단하게 굳어져 튼튼한 황토집이 되었다. 벽체의 두께는 약 33cm이며 귀접이천장 위에 순황토를 30cm 이상 올림으로써 단열문제를 해결했다. 아궁이는 두 방 모두 난방전용인 함실아궁이로 하고 고래는 줄고래구들 방식으로 시공했다.

복층구조의 황토주택은 원래 목심흙집이었으나 목심과 흙의 수축과 팽창계수가 맞지 않아 목심마다 바깥이 보이고 추워서 사용할 수 없는 상태라 전체적으로 리모델링한 사례이다. 내벽과 외벽을 황토 바르기 하고 내부 인테리어와 욕실 등을 리모델링하면서 전기공사는 모두 업자에게 맡겼다. 1층 천장은 서까래와 판재로 마감하고 2층은 루버를 사용하여 지붕의 형태를 살린 빗천장으로 마감하였다.

황토는 우리 몸에 이로운 장점이 많다. 황토 1스푼에는 2억 마리 이상의 미생물이 활발하게 생명력을 유지하면서 다양한 효소들이 순환작용을 하여 인체의 유해물질을 제거해주고 우리 몸을 건강하게 지켜준다. 이곳 푸른솔펜션은 벽, 바닥, 천장 모두 살아 숨 쉬는 친환경 자재로만 마감하여 몸과 마음이 자연 치유되는 '힐링(Healing)' 쉼터이다.

원주 푸른솔펜션
# 8-1. 원형 찜질방

이 건물은 원형 평면으로 시공한 찜질방이다. 찜질방을 완성한 후 현관과 반침을 달아내어 건물의 규모가 조금 늘어나 실용적인 면이 더해졌다. 참선, 요가, 수련 및 명상 등 정신수양을 하는 장소로 이용되고 있다.

## 황토집
### 23㎡(7평)

| 건축형태 | 황토주택
| 건축면적 | 23㎡(7py)

01_ 점토벽돌로 만든 전축굴뚝이다.
02_ 깨달음이란 측면에서 보면 원형의 건물은 정신수양에는 더없이 좋은 구조이다.

01_ 원형에 방형의 현관과 반침을 덧달아낸 평면구성이다.
02_ 현관은 여닫이 세철청판문이다.
03_ 창은 여닫이 세살 쌍창이다.
04_ 목심을 인방 삼아 팔각형의 만살 불발기창을 황토벽에 설치한 재치가 돋보인다.
05_ 각목과 판재로 단출하게 만들어 단 선반과 의걸이가 있다.

실용적인 기능을 위해 현관과 반침을 달아냈다.

01_ 세 번 귀를 접어 만든 귀접이천장으로 나뭇결이 살아 있고 웅장함이 느껴진다.
02_ 문얼굴을 통해 자연의 풍경이 들어온다.
03_ 암키와와 수키와의 와편으로 벽에 문양을 만들어 변화를 주었다.
04, 05_ 황토벽에 박은 목심.
06_ 함실아궁이.

## 찜질방 시공순서

01_ 원형건물은 기초를 잡을 때 원형을 정확히 유지해야 한다.
02_ 원형 중앙에 수직대를 세우고 수직대를 중심으로 돌려가면서 쌓기 한다.
03_ 짧은 도리를 올린 상태에서 천장 작업을 한다.
04_ 서까래를 순서대로 고정한다.
05, 06_ 처마부터 개판을 덮고 생흙을 올려서 단열 처리한 후 나머지를 덮어서 마무리한다.
07_ 방수시트를 아래부터 위로 순서대로 덮고 고정한다.
08_ 지붕에 올릴 이엉을 엮고 있다.
09_ 이엉을 엮어놓은 모습
10_ 원형 초가지붕은 돌리면서 올려야 하므로 밑이 벌어지지 않게 꼼꼼히 작업한다.
11_ 원형 초가집의 용마름이다.
12_ 현관과 반침을 덧달아낸다.

01_ 아궁이 위에 반침을 달아내어 눈·비를 피할 수 있다.
02_ 황토벽돌을 쌓으면서 와편을 이용해 포인트를 주니 밋밋한 벽이 활기차 보인다.
03_ 원목으로 마감된 귀접이천장 내부의 모습.
04, 05_ 완성된 황토방의 모습.
06_ 구들을 놓는 과정으로 먼저 함실아궁이의 함실을 쌓는다.
07_ 고래 형태가 원형이므로 개자리를 중앙에 위치하게 한다.
08_ 함실 위에 1차로 함실장을 덮는다.
09_ 원형 고래둑을 완성한다.
10, 11_ 구들돌을 올려 구들 놓기를 완성한다.
12_ 구들이 완성되면 부토하고 방바닥의 수평을 잡는다.
13, 14_ 불때기를 하여 구들을 말린다.

원주 푸른솔펜션

# 8-2. 단층 황토주택

단층 황토주택은 양쪽으로 구들방을 2개 만들고 가운데는 거실을 두고 화장실을 배치한 20평 규모이다. 벽체의 두께는 약 33cm이며 귀접이천장 위에 순황토를 30cm 이상 올려 단열문제를 해결했다.

**황토집**

**66㎡(20평)**

| 건축형태 | 황토주택
| 건축면적 | 66㎡(20py)

01_ 오르는 계단은 침목을 이용했다.
02_ 20평 규모로 양쪽으로 구들방이 2개가 있고 가운데 마루가 있는 두 동의 홑처마 팔작지붕의 황토주택이다.

01_ 20평 규모로 양쪽으로 구들방이 2개가 있고 가운데 마루가 있는 두 동의 홑처마 팔작지붕의 황토주택이다.
02, 03_ 함실아궁이 옆 입구는 데크로 단을 두어 쉽게 출입할 수 있도록 했다.

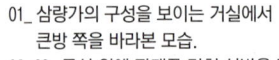

01_ 삼량가의 구성을 보이는 거실에서
큰방 쪽을 바라본 모습.
02, 03_ 목심 위에 판재를 걸쳐 선반을 만들고
이불이나 소품을 올려놓는 용도로 쓰고 있다.
04_ 큰방은 귀를 세 번 접어 만든 귀접이천장이다.
05_ 루버로 처리한 천장에 단 천장등.
06_ 바닥에는 장판을 깔고 벽지는 한지,
천장은 나뭇결을 살린 귀접이천장으로 했다.

01_ 서까래로만 구성된 홑처마이다. / 02_ 여닫이 세살 쌍창이다. / 03_ 함실아궁이의 모습.
04_ 소제구멍에 단 철재로 만든 불문 / 05_ 점토벽돌로 정성스레 쌓은 전축굴뚝이다.

## 황토주택 시공순서

01_ 기초공사를 하기 위한 터파기 작업을 하고 있다.
02_ 벽돌을 쌓기 전에 외부 문틀을 고정한다.
03_ 벽돌을 견고하게 꼼꼼히 쌓는다.
04_ 벽돌공사가 완성되면 천장공사를 시작한다.
05, 06_ 천장공사를 완성한 각 방의 내부모습.
07_ 종보에 상량문이 보인다.
08_ 천장공사가 완성되고 나면 서까래를 간격에 맞춰 차례로 고정한다.
09_ 초가지붕은 서까래보다 추녀를 짧게 하여 둥근 처마를 이루는
방구매기 기법으로 지붕을 만들고 서까래 끝에 평고대를 고정한다.

01_ 서까래가 완성되고 처마까지 판재를 건 후 생황토를 올려 단열처리 한다.
02, 03_ 개판을 촘촘히 깔아서 완성한다.
04_ 개판이 완성되면 방수시트를 덮는다.
05, 06_ 이엉을 잇고 이엉을 묶어주는 고사새끼로 엮기 하여 마감한다.
07, 08_ 완성한 초가집의 모습.
09_ 구들을 놓기 위한 아궁이와 함실을 만든다.
10_ 아궁이의 반대 방향에 고래개자리를 만든다.
11_ 함실장을 먼저 올려 고정한다.
12_ 구들돌을 윗목에서부터 아랫목으로 차례로 견고하게 덮는다.
13_ 구들 놓기가 완성되면 부토하여 방바닥의 수평을 잡는다.
14_ 굴뚝을 만들어 완성한다.
15_ 불때기를 하여 구들을 말린다.

원주 푸른솔펜션

# 8-3. 복층 황토주택

이 건물은 기존의 목심흙집이었으나 목심과 흙의 수축과 팽창계수가 맞지 않아 목심마다 바깥이 보이고 추워서 사용할 수 없는 상태가 되었다. 이를 보완하기 위해 내벽과 외벽에 황토를 바르고, 내부 인테리어와 욕실 등을 전체적으로 리모델링한 공사이다.

### 황토집
### 198㎡(60평)

| 건축형태 | 황토주택
| 건축면적 | 198㎡(60py)

01_ 건물 주위로 데크를 넓게 깔아 동선을 이었다.
02_ 황토마을을 조성하고 구들전시관을 세운다는 목표를 세우고 곳곳에 다양한 황토주택을 지었다.

01_ 원형의 평면을 이루는 3채가 하나로 이어진 집합건물의 형태이다.
02, 03_ 원래 목심흙집이었으나 전체적으로 리모델링한 복층구조의 황토주택이다.

01, 02_ 둥근 원목을 이용해서 고미반자 형태로 천장을 만드니 나무 향이 나는 아늑한 방이 되었다.
03_ 수평이 아닌 서까래 방향을 따라 비스듬하게 설치한 빗천장 상세.
04_ 원룸의 작은 공간에 싱크대와 아트월, 화장대 등을 아기자기하게 디자인했다.
05_ 브라운 톤으로 전체적인 색감을 조화시켰다.
06_ 치장벽돌로 마감한 실내의 벽체 사이에 창이 내어 바깥 경치를 볼 수 있다.
07_ 서까래가 노출된 모임지붕으로 대공이 천장을 받는다.
08_ 싱크대 옆으로 작은 창을 냈다.

9_ 2층으로 오르는 계단은 철재로 만들었다.
10_ 출입문은 문울거미를 짜서 만든 우리판문으로 했다.
11_ 세살문을 여니 자연 그대로의 기둥이 보인다.
12_ 모퉁이 공간에 화장대를 놓았다.

## 참고문헌

- 구들/최형택/고려서적
- 구들이야기 온돌이야기/김남응/단국대학교출판부
- 내 손으로 지어보는 흙집과 한옥/문재남/청홍
- 산수간에 집을 짓고/안대회/돌베개
- 실전 구들 & 구들 발명 이야기/이학수/생각나눔
- 알기 쉬운 한국 건축 용어사전/ 김왕직/ 동녘
- 온돌 그 찬란한 구들문화/김준봉/청홍
- 우리가 정말 알아야 할 우리한옥/ 신영훈/ 현암사
- 전통 황토집 건축 이론과 실무/윤원태/컬처라인
- 한국 고대의 온돌/송기호/서울대학교출판부
- 한국건축의 역사/김동욱/기문당
- 한국의 살림집/신영훈/열화당
- 한국주택건축/주남철/ 일지사
- 한옥 살림집을 짓다/김도경/현암사
- 한옥의 공간 문화/ 한옥공간연구회/ 교문사
- 황토의 신비/류도옥/평민사
- 흙건축/황혜주/씨아이알
- 흙집으로 돌아가다/주택문화사
- 황토집 바로 짓기/이동일/전우문화사
- 황토집 따라 짓기/윤원태/전우문화사
- 황토집Ⅱ/전우문화사